電卓計算
直前模試
目次

答案記入上の注意 …………………………………… 2

数字の練習 …………………………………………… 3

シャープ製電卓の解説

　乗算・除算 ………………………………………… 4

　複合算 ……………………………………………… 6

カシオ製電卓の解説

　乗算・除算 ………………………………………… 8

　複合算 ……………………………………………… 10

伝票算 ………………………………………………… 12

模擬問題解答 ………………………………………… 14

答案記入上の注意　－審査（採点）基準－

電卓計算能力検定試験の答案審査（採点）は、次の基準にしたがって行われます。下記をよく読み、正しい答案記入方法を身に付けましょう。

❶ 答案審査にあたって、次の各項に該当するものは無効とする。

(1) 1つの数字が他の数字に読めたり、数字が判読できないもの。

(2) 整数部分の4桁以上に3位ごとのカンマ「，」のないもの。

(3) 整数未満に小数点「．」のないもの。

(4) カンマ「，」や小数点「．」を上の方につけたり、区別のつかないもの。

(5) カンマ「，」や小数点「．」と数字が重なっていたり、数字と数字の間にないもの。

(6) 小数点「．」をマル「。」と書いたもの。

(7) 無名数の答に円「￥」等を書いてあるもの。

　　　ただし、名数のときは円「￥」等を書いても、書かなくても正解とする。

(8) 所定の欄に答を書いていないもの。ただし、欄外に訂正し、番号または矢印を添えてあるものは有効とする。

　　　所定欄：見取算・伝票算は枠で囲まれた部分、乗算・除算・複合算は等号「＝」より右側枠内。答が所定欄からはみ出したときは、その答の半分以内であれば有効とする。

(9) 答の一部を訂正したもの。（消しゴムで元の数字を完全に消して、書き改めたものは有効とする。）

(10) 所定の欄にあらかじめ印刷してある番号を訂正したり、入れ替えたりしたもの。

(11) 答を縦に書いてあったり、小数部分を小さく書いたり、2行以上に書いてあるもの。

(12) 所定の欄に2つ以上の答が書いてあるもの。

❷ 答案記入上の例示

(1) 数字の訂正

【表示部】

1234567 →	1,234.567
	+,233.567 （○）

1,234.567
+,233.567 （○）

　　　4
1,233.567 （×）

1,234.567 （×）

1,234.
+,233.567 （×）

1,234.
+,234.567 （×）

(2) 端数処理した答（小数第3位未満の端数を四捨五入）

【表示部】

03695 → 0.370 （○）　0.37 （○）　.370 （○）　.37 （○）

【表示部】

23001 → 2.300 （○）　2.3 （○）　2.30 （×）

数字の練習

検定試験では制限時間があるため、答を少しでも速く書こうとするあまり、数字が汚くなりがちです。また、電卓ではカンマが数字の上方に表示されますが、正しくは数字の下方に記入しなければなりません。正しい数字の記入の仕方を身に付け、検定試験に臨みましょう。

● 下記の表示部を見て、記入欄A、Bに数字を記入しましょう。

- 記入欄Aに記入する際には、枠の中に収まるように記入しましょう。なお、枠の中の太い区切り線（｜）は、整数位を表しています。
- 記入欄Bに記入する際には、バランスを考えて丁寧に記入しましょう。カンマ・小数点は正しい位置に書きましょう。

表示部	記入欄A	記入欄B
（例）123456789.012	123456789012	123,456,789.012

記入欄Aの各位：（億の位）（千万の位）（百万の位）（十万の位）（万の位）（千の位）（百の位）（十の位）（一の位）（小数一位）（小数二位）（小数三位）

- カンマは数字の下側に、左向きに書くこと。
- 小数点はカンマと見分けられるように書くこと。

1　123456789.012　←この点は書かないこと。

2　123456789.012

3　123456789.012

4　123456789.012

● 「1」と「7」の練習

5　111777111777

6　777111777111

7　171717171717

● 「6」と「0」の練習

8　666000666000

9　060606060606

10　606060606060

公益社団法人全国経理教育協会主催／文部科学省後援

電卓計算能力検定試験準拠

電卓計算 直前模試

3級 本試験形式

経理教育研究会編

全経・電卓計算能力検定試験準拠

電卓計算3級　直前模試

経理教育研究会編

英光社

本書の特長

1. 良質の模擬問題

過去出題問題を徹底的に分析し、15回分の模擬問題を作問いたしました。
出題傾向に基づいて偏りなく作問しており、どの問題も本試験と同等のクオリティです。

2. 本試験と同一形式

本試験と同一形式のプリントですので、本番に臨む心構えを養うことができます。

3. わかりやすい解説付き

乗算・除算・複合算の計算順序を、わかりやすく解説しています。また、答案記入上の
注意とともに、数字の練習ページも設けています。

4. 伝票算付き

本書に添付の伝票算は、両面に問題を印刷していますので、左手でも右手でもめくるこ
とができます。
ページをずらして使用することにより、1冊で15回分の練習ができるようになっています。
（本試験とは体裁が異なりますが、学習者の利便性を考慮した上での体裁とご理解ください。）

ISBN978-4-88327-774-2
C1034 ¥750E

9784883277742

1921034007508

EIKOSHA

定価　825円（税抜価格750円）

EIKOSHA

[編者紹介]

経理教育研究会

商業科目専門の執筆・編集ユニット。
英光社発行のテキスト・問題集の多くを手がけている。
メンバーは固定ではなく、開発内容に応じて専門性の
高いメンバーが参加する。

ちょっと臆病なチキンハートの犬

チキン犬

・とても傷つきやすく、何事にも慎重。
・慎重すぎて逆にドジを踏んでしまう。
・頼まれごとにも弱い。
・のんびりすることと音楽が好き。
・運動は苦手（犬なのに…）。
・好物は緑茶と大豆食品。

■英光社イメージキャラクター
『チキン犬』特設ページ
https://eikosha.net/chicken-ken
チキン犬LINEスタンプ販売中！

電卓計算3級直前模試

2023年4月15日　発行

編　者　経理教育研究会
発行所　株式会社 英光社
　　　　〒176-0012　東京都練馬区豊玉北1-9-1
　　　　TEL 050-3816-9443
　　　　振替口座 00180-6-149242
　　　　https://eikosha.net

©2023 EIKOSHA
ISBN 978-4-88327-774-2 C1034

本書の内容に不審な点がある場合は、下記よりお問合せください。
https://eikosha.net/contact
FAX 03-5946-6945
※お電話でのお問合せはご遠慮ください。

落丁・乱丁本はお取り替えいたします。
上記contactよりお問合せください。

シャープ製電卓の解説

乗算・除算

❶ 乗算・除算の概略

(1) 解答欄

乗算・除算は上段と下段に分かれており、それぞれ33箇所ずつ、合計66箇所の解答欄があります。検定試験では、66箇所の解答欄のうち、上下段10箇所ずつ、計20箇所だけが採点の対象となります。右ページの計算例において、●が採点箇所です。なお、採点箇所は発表されません。

(2) 名数と無名数

上段は無名数、下段は名数の問題です。無名数とは単位のない数、名数とは単位（電卓検定では〝¥〟）のある数のことです。

(3) 小計と合計

小計：問1～問5を累算して小計①を求めます。GTスイッチをGT位置にしておくと、■キー（および%キー）で求めた計算結果が自動的にGTメモリーに累算されます。小計②についても同様です。

合計：小計と小計を足して合計を求めます。合計は独立メモリーを使用して求めます。GTメモリーで小計を求めたら、すぐさまM+を押し、独立メモリーに入力します。独立メモリー内の数値（すなわち合計の値）はRMにより表示できます。

(4) パーセント（構成比率）

パーセントは左右2列あります。左列の上部が小計①に対するパーセント、下部が小計②に対するパーセント、右列が合計に対するパーセントです。

パーセントは、「乗算の答÷小計（もしくは合計）×100」で求められます。「÷小計（もしくは合計）×100」の計算は5ないし10回連続しての計算となりますので、「定数計算機能」を活用すると、キー操作が省略できます。右ページのキー操作にて確認してください。

(5) 端数処理

端数処理はすべて「四捨五入」です。乗算で小数第3位未満、パーセントで小数第2位未満に端数のあるときは四捨五入します。ラウンドスイッチの設定を「四捨五入」にあわせておくと、■キーなどを押したときに端数処理が実行されます。計算の途中でタブスイッチ（小数部桁数指定スイッチ）の切替えを忘れないように注意しましょう。

```
F543210A        ↑5/4↓
タブスイッチ    ラウンドスイッチ
```

❷ 計算順序

右ページをご覧ください。乗算・除算とも計算の順序は同じですので、ここでは乗算の上段を例に説明します。計算の順序は、（ア）～（ム）の通りです。

❸ 計算上の注意

(1) 小計を求めたら、すぐにその値を独立メモリーに入力しましょう。

(2) タブスイッチの切替えのタイミングを確認しておきましょう。

(3) パーセント計算は逆数計算や定数計算機能を活用しましょう。

(4) パーセント計算の際に読み取りやすいように、解答をきれいに記入しましょう。

計算例とキー操作

No.		×		=						
1	2,683	×	714	=	(ア)	1,915,662	(キ) ●	12.50%	(ネ)	12.50%
2	5,046	×	859	=	(イ) ●	4,334,514	(ク)	28.28%	(ク)	28.28%
3	1,350	×	962	=	(ウ)	1,298,700	(ケ)	8.47%	(ハ) ●	8.47%
4	729	×	6,085	=	(エ)	4,435,965	(コ)	28.94%	(ヒ) ●	28.94%
5	8,237	×	406	=	(オ) ●	3,344,222	(サ)	21.82%	(フ)	21.82%
	No.1～No.5 小 計①				(カ)	15,329,063	1 0 0 %			
6	0.0915	×	74.3	=	(シ)	6.798	(ツ) ●	19.17%	(ヘ)	0.00%
7	6.702	×	1.98	=	(ス)	13.270	(テ)	37.41%	(ホ)	0.00%
8	1.564	×	0.237	=	(セ)	0.371	(ト)	1.05%	(マ)	0.00%
9	0.3498	×	0.051	=	(ソ) ●	0.018	(ナ)	0.05%	(ミ)	0.00%
10	4.971	×	3.02	=	(タ)	15.012	(ニ) ●	42.32%	(ム)	0.00%
	No.6～No.10 小 計②				(チ)	35.469	1 0 0 %			
	（小計 ①＋②）合 計				(ヌ) ●	15,329,098.469	1 0 0 %			

1. [F543210A スイッチ] [↑5/4↓ スイッチ]
2. CA → 0.
3. 2 6 8 3 × 7 1 4 = → 1915662.ᵍ(ア)
4. 5 0 4 6 × 8 5 9 = → 4334514.ᵍ(イ)
5. 1 3 5 0 × 9 6 2 = → 1298700.ᵍ(ウ)
6. 7 2 9 × 6 0 8 5 = → 4435965.ᵍ(エ)
7. 8 2 3 7 × 4 0 6 = → 3344222.ᵍ(オ)
8. GT → 15329063.ᵍ(カ)
9. M+ → 15329063.ᴹ
10. GT GT → 15329063.ᴹ
11. [F543210A スイッチ] [↑5/4↓ スイッチ]
12. ÷ = → 0.00ᴹ
13. 1 9 1 5 6 6 2 % → 12.50(キ)
14. 4 3 3 4 5 1 4 % → 28.28ᴹ(ク)
15. 1 2 9 8 7 0 0 % → 8.47(ケ)
16. 4 4 3 5 9 6 5 % → 28.94ᴹ(コ)
17. 3 3 4 4 2 2 2 % → 21.82(サ)
18. GT GT → 100.01ᴹ
19. [F543210A スイッチ] [↑5/4↓ スイッチ]
20. · 0 9 1 5 × 7 4 · 3 = → 6.798ᴹ(シ)
21. 6 · 7 0 2 × 1 · 9 8 = → 13.270ᴹ(ス)
22. 1 · 5 6 4 × · 2 3 7 = → 0.371ᴹ(セ)
23. · 3 4 9 8 × · 0 5 1 = → 0.018ᴹ(ソ)
24. 4 · 9 7 1 × 3 · 0 2 = → 15.012ᴹ(タ)
25. GT → 35.469(チ)
26. M+ → 35.469
27. [F543210A スイッチ] [↑5/4↓ スイッチ]
28. GT GT → 35.469
29. ÷ = → 0.03
30. 6 · 7 9 8 % → 19.17(ツ)
31. 1 3 · 2 7 % → 37.41(テ)
32. · 3 7 1 % → 1.05ᴹ(ト)
33. · 0 1 8 % → 0.05ᴹ(ナ)
34. 1 5 · 0 1 2 % → 42.32(ニ)
35. GT GT → 100.03ᴹ
36. RM → 15329098.469ᴹ(ヌ)
37. ÷ = → 0.00ᴹ
38. 1 9 1 5 6 6 2 % → 12.50ᴹ(ネ)
39. 4 3 3 4 5 1 4 % → 28.28ᴹ(ノ)
40. 1 2 9 8 7 0 0 % → 8.47(ハ)
41. 4 4 3 5 9 6 5 % → 28.94(ヒ)
42. 3 3 4 4 2 2 2 % → 21.82(フ)
43. 6 · 7 9 8 % → 0.00(ヘ)
44. 1 3 · 2 7 % → 0.00ᴹ(ホ)
45. · 3 7 1 % → 0.00ᴹ(マ)
46. · 0 1 8 % → 0.00ᴹ(ミ)
47. 1 5 · 0 1 2 % → 0.00(ム)
48. GT → 100.01

複合算

❶ 複合算の概略

複合算は、加減乗除（＋－×÷）の計算を、計算の規則に従い、電卓の機能を活用しながら順序立てて進めて行くことが求められます。計算規則とは次の通りです。

【1】乗算（×）、除算（÷）を優先する。

例1 $2 \times 3 + 56 \div 7 =$

先に乗算・除算を計算し、次に両方の値を足し算します。

[1] $2 \times 3 = 6$
[2] $56 \div 7 = 8$
[3] $6 + 8 = 14$

[練習1] $4 \times 8 + 9 \div 3 =$
[練習2] $12 \div 2 + 5 \times 7 =$
[練習3] $12 \times 3 - 24 \div 6 =$

【2】（　）内の計算を優先する。

例2 $(18 - 9) \times (23 - 15) =$

先に（　）内を計算し、次に両方の答を掛け算します。

[1] $18 - 9 = 9$
[2] $23 - 15 = 8$
[3] $9 \times 8 = 72$

[練習4] $(11 - 4) \times (1 + 6) =$
[練習5] $(4 + 2) \times (15 - 12) =$
[練習6] $(17 + 7) \times (18 - 9) =$

【3】端数処理は、1計算ごとに行う。（整数未満を切捨てる）

例3 $(13 \div 6) \times (78 \div 5) =$

先に（　）内を計算し、整数未満の端数を切捨てます。次に両方の答を掛け算します。

[1] $13 \div 6 = 2.1666\cdots \rightarrow 2$
[2] $78 \div 5 = 15.6 \rightarrow 15$
[3] $2 \times 15 = 30$

[練習7] $15 \div 7 + 6 \times 8 =$
[練習8] $(11 \times 4) \div (52 \div 9) =$
[練習9] $(27 \div 8) \times (19 \div 3) =$

❷ 電卓で計算する場合のキー操作

電卓で計算する場合には、次のキー操作により答が求められます。

【1】左右の計算の答を足し算または引き算するときは、独立メモリー内で行う。

例4 $4,809 \times 562 + 492,534 \div 9,121 =$

左右の乗算の答をそれぞれ独立メモリーにプラスで入力することにより、独立メモリー内で足し算されます。独立メモリー内の数値は RM で呼び出します。

[1] 4809 × 562 M+
[2] 492534 ÷ 9121 M+
[3] RM （答 2,702,712）

[練習10] $1,673 \times 421 + 1,766,373 \div 4,893 =$
[練習11] $16,349,208 \div 632 + 298 \times 2,751 =$
[練習12] $(9.16 + 30.84) + 5,713 \times 264 =$

例5 $7,546,931 \div 47 - 321 \times 64 =$

左の除算の答を独立メモリーにプラスで入力し、右の乗算の答を独立メモリーにマイナスで入力することにより、独立メモリー内で引き算が行えます。

[1] 7546931 ÷ 47 M+
[2] 321 × 64 M-
[3] RM （答 140,029）

[練習13] $2,337,310 \div 94 - 56 \times 273 =$
[練習14] $357 \times 5,816 - 406.2 \times 805 =$
[練習15] $2,584,545 \div 53 - 2,551,120 \div 715 =$

【2】中央の計算が乗算のときは、左の計算の答を独立メモリーに入力する。

例6 $360 - 197 \times 7,018 - 632 =$

左の引き算の答を独立メモリーに入力し、右の引き算の答を求めて乗算する際に、RM で呼び出し掛け算します。

[1] 360 - 197 M+
[2] 7018 - 632 =
[3] × RM = （答 1,040,918）

[練習16] $(410.7 + 628.3) \times (528 + 7,801) =$
[練習17] $(8,142 - 7,631) \times (792 \times 40.5) =$
[練習18] $(312.5 + 69.5) \times (59,014 - 2,096) =$

【3】中央の計算が除算のときは、左の計算の答を独立メモリーに入力し、逆数計算を行う。

例7 $(297 \times 567) \div (21,141 \div 783) =$

左の乗算の答を独立メモリーに入力し、右の除算の答を求めた後に逆数計算（ ÷ = ）を行います。（逆数計算とは電卓で行う分数計算のことです。）

[1] 297 × 567 M+
[2] 21141 ÷ 783 =
[3] ÷ = RM （答 6,237）

[練習19] $(331,978 + 81,032) \div (61.3 + 28.7) =$
[練習20] $(318,966 + 61,908) \div (601 - 87) =$
[練習21] $(390,278,451 \div 63) \div (109 \times 31) =$

【4】端数処理は、 M+ M- = のいずれかを押した場合に実行される。

例8 $4,809 \times 56.2 + 49,253.4 \div 9,121 =$

下記の手順では、独立メモリー内で左右の計算の答を足し算するために、[1] [2] とも M+ を押しているので、端数処理が実行されています。（3級は整数未満切捨てですので、計算前に、タブスイッチを"0"、ラウンドスイッチを"切捨て"にセットすることを忘れないようにしましょう。）

[1] 4809 × 56.2 M+
[2] 49253.4 ÷ 9121 M+
[3] RM （答 270,270）

[練習22] $193.2 \times 604 + 2,824,873 \div 4,185 =$
[練習23] $2,043 \times 71.5 + 244,675.2 \div 5,296 =$
[練習24] $1,704,746 \div 53 - 1,810 \div 2.97 =$

例9 $(35,081.4 \div 7.9) \times (371,604 \div 591.3) =$

下記の [1] では独立メモリーに入力するために M+ を押しているので端数処理が実行され、[2] では計算の末尾で = を押しているので端数処理が実行されます。

[1] 35081.4 ÷ 7.9 M+
[2] 371604 ÷ 591.3 =
[3] × RM = （答 2,788,320）

[練習25] $(167.5 - 89.3) \times (39.2 - 28.6) =$
[練習26] $(48,333.6 + 5,927.1) \div (482.9 - 153) =$
[練習27] $(3,907 \times 42.6) \div (16.3 \times 49) =$

※[練習]の解答は、12ページに掲載してあります。

カシオ製電卓の解説

乗算・除算

❶ 乗算・除算の概略

(1) 解答欄

乗算・除算は上段と下段に分かれており、それぞれ33箇所ずつ、合計66箇所の解答欄があります。検定試験では、66箇所の解答欄のうち、上下段10箇所ずつ、計20箇所だけが採点の対象となります。右ページの計算例において、●が採点箇所です。なお、採点箇所は発表されません。

(2) 名数と無名数

上段は無名数、下段は名数の問題です。無名数とは単位のない数、名数とは単位（電卓検定では"￥"）のある数のことです。

(3) 小計と合計

小計：問1〜問5を累算して小計①を求めます。 = キーで求めた計算結果が自動的にGTメモリーに累算されますので、問5を求めた後 GT キーで呼び出します。小計②についても同様です。

合計：小計と小計を足して合計を求めます。合計は独立メモリーを使用して求めます。GTメモリーで小計を求めたら、すぐさま M+ を押し、独立メモリーに入力します。独立メモリー内の数値（すなわち合計の値）は MR により表示できます。

(4) パーセント（構成比率）

パーセントは左右2列あります。左列の上部が小計①に対するパーセント、下部が小計②に対するパーセント、右列が合計に対するパーセントです。

パーセントは、「乗算の答÷小計（もしくは合計）×100」で求められます。「÷小計（もしくは合計）×100」の計算は5ないし10回連続しての計算となりますので、「定数計算機能」を活用すると、キー操作が省略できます。右ページのキー操作にて確認してください。

(5) 端数処理

端数処理はすべて「四捨五入」です。乗算で小数第3位未満、パーセントで小数第2位未満に端数のあるときは四捨五入します。ラウンドスイッチの設定を「四捨五入」にあわせておくと、 = キーなどを押したときに端数処理が実行されます。計算の途中でタブスイッチ（小数部桁数指定スイッチ）の切替えを忘れないように注意しましょう。

ラウンドスイッチ　タブスイッチ

❷ 計算順序

右ページをご覧ください。乗算・除算とも計算の順序は同じですので、ここでは乗算の上段を例に説明します。計算の順序は、（ア）〜（ム）の通りです。

❸ 計算上の注意

(1) 小計を求めたら、すぐにその値を独立メモリーに入力しましょう。

(2) タブスイッチの切替えのタイミングを確認しておきましょう。

(3) パーセント計算は定数計算機能を活用しましょう。

(4) パーセント計算の際に読み取りやすいように、解答をきれいに記入しましょう。

計算例とキー操作

No.										
1	2,683	×	714	=	(ア)	1,915,662	(キ) ● 12.50%	(ネ)	12.50%
2	5,046	×	859	=	(イ) ●	4,334,514	(ク) 28.28%	(ノ)	28.28%
3	1,350	×	962	=	(ウ)	1,298,700	(ケ) 8.47%	(ハ) ● 8.47%
4	729	×	6,085	=	(エ)	4,435,965	(コ) 28.94%	(ヒ) ● 28.94%
5	8,237	×	406	=	(オ) ●	3,344,222	(サ) 21.82%	(フ) 21.82%
	No.1〜No.5 小 計 ①				(カ)	15,329,063	100%		
6	0.0915	×	74.3	=	(シ)	6.798	(ツ) ● 19.17%	(ヘ) 0.00%
7	6.702	×	1.98	=	(ス)	13.270	(テ) 37.41%	(ホ) 0.00%
8	1.564	×	0.237	=	(セ)	0.371	(ト) 1.05%	(マ) 0.00%
9	0.3498	×	0.051	=	(ソ) ●	0.018	(ナ) 0.05%	(ミ) 0.00%
10	4.971	×	3.02	=	(タ)	15.012	(ニ) ● 42.32%	(ム) 0.00%
	No.6〜No.10 小 計 ②				(チ)	35.469	100%		
	（小計 ① + ②）合 計				(ヌ) ● 15,329,098.469		100%		

1. F CUT 5/4 ／ 5 4 3 2 0 ADD₂ （スイッチ設定）
2. AC MC .... 0.
3. 2 6 8 3 × 7 1 4 = ... 1915662 GT (ア)
4. 5 0 4 6 × 8 5 9 = ... 4334514 GT (イ)
5. 1 3 5 0 × 9 6 2 = ... 1298700 GT (ウ)
6. 7 2 9 × 6 0 8 5 = ... 4435965 GT (エ)
7. 8 2 3 7 × 4 0 6 = ... 3344222 GT (オ)
8. GT .... 15329063 GT (カ)
9. M+ .... 15329063 GT
10. F CUT 5/4 ／ 5 4 3 2 0 ADD₂ （スイッチ設定）
11. ÷ ÷ .... 15329063 GT
12. 1 9 1 5 6 6 2 % ...... 1250 GT (キ)
13. 4 3 3 4 5 1 4 % ...... 2828 GT (ク)
14. 1 2 9 8 7 0 0 % ...... 847 GT (ケ)
15. 4 4 3 5 9 6 5 % ...... 2894 GT (コ)
16. 3 3 4 4 2 2 2 % ...... 2182 GT (サ)
17. F CUT 5/4 ／ 5 4 3 2 0 ADD₂ （スイッチ設定）
18. AC 0
19. . 0 9 1 5 × 7 4 . 3 = ... 6798 GT (シ)
20. 6 . 7 0 2 × 1 . 9 8 = ... 13270 GT (ス)
21. 1 . 5 6 4 × . 2 3 7 = ... 0371 GT (セ)
22. . 3 4 9 8 × . 0 5 1 = ... 0018 GT (ソ)
23. 4 . 9 7 1 × 3 . 0 2 = ... 15012 GT (タ)
24. GT .... 35469 GT (チ)
25. M+ .... 35469 GT
26. F CUT 5/4 ／ 5 4 3 2 0 ADD₂ （スイッチ設定）
27. ÷ ÷ .... 35469 GT
28. 6 . 7 9 8 % ...... 1917 (ツ)
29. 1 3 . 2 7 % ...... 3741 (テ)
30. . 3 7 1 % ...... 105 (ト)
31. . 0 1 8 % ...... 005 (ナ)
32. 1 5 . 0 1 2 % ...... 4232 (ニ)
33. MR .... 15329098469 (ヌ)
34. ÷ ÷ 15329098469
35. 1 9 1 5 6 6 2 % ...... 1250 (ネ)
36. 4 3 3 4 5 1 4 % ...... 2828 (ノ)
37. 1 2 9 8 7 0 0 % ...... 847 (ハ)
38. 4 4 3 5 9 6 5 % ...... 2894 (ヒ)
39. 3 3 4 4 2 2 2 % ...... 2182 (フ)
40. 6 . 7 9 8 % ...... 000 GT (ヘ)
41. 1 3 . 2 7 % ...... 000 GT (ホ)
42. . 3 7 1 % ...... 000 GT (マ)
43. . 0 1 8 % ...... 000 GT (ミ)
44. 1 5 . 0 1 2 % ...... 000 GT (ム)

複合算

❶ 複合算の概略

複合算は、加減乗除（＋－×÷）の計算を、計算の規則に従い、電卓の機能を活用しながら順序立てて進めて行くことが求められます。計算規則とは次の通りです。

【1】乗算（×）、除算（÷）を優先する。

例1 $2 \times 3 + 56 \div 7 =$

先に乗算・除算を計算し、次に両方の値を足し算します。

[1] $2 \times 3 = 6$
[2] $56 \div 7 = 8$
[3] $6 + 8 = 14$

[練習1] $4 \times 8 + 9 \div 3 =$
[練習2] $12 \div 2 + 5 \times 7 =$
[練習3] $12 \times 3 - 24 \div 6 =$

【2】（　）内の計算を優先する。

例2 $(18 - 9) \times (23 - 15) =$

先に（　）内を計算し、次に両方の答を掛け算します。

[1] $18 - 9 = 9$
[2] $23 - 15 = 8$
[3] $9 \times 8 = 72$

[練習4] $(11 - 4) \times (1 + 6) =$
[練習5] $(4 + 2) \times (15 - 12) =$
[練習6] $(17 + 7) \times (18 - 9) =$

【3】端数処理は、1計算ごとに行う。（整数未満を切捨てる）

例3 $(13 \div 6) \times (78 \div 5) =$

先に（　）内を計算し、整数未満の端数を切捨てます。次に両方の答を掛け算します。

[1] $13 \div 6 = 2.1666\cdots \to 2$
[2] $78 \div 5 = 15.6 \to 15$
[3] $2 \times 15 = 30$

[練習7] $15 \div 7 + 6 \times 8 =$
[練習8] $(11 \times 4) \div (52 \div 9) =$
[練習9] $(27 \div 8) \times (19 \div 3) =$

❷ 電卓で計算する場合のキー操作

電卓で計算する場合には、次のキー操作により答が求められます。

【1】左右の計算の答を足し算または引き算するときは、独立メモリー内で行う。

例4 $4,809 \times 562 + 492,534 \div 9,121 =$

左右の乗算の答をそれぞれ独立メモリーにプラスで入力することにより、独立メモリー内で足し算されます。独立メモリー内の数値は MR で呼び出します。

[1] 4809 × 562 M+
[2] 492534 ÷ 9121 M+
[3] MR （答 2,702,712）

[練習10] $1,673 \times 421 + 1,766,373 \div 4,893 =$
[練習11] $16,349,208 \div 632 + 298 \times 2,751 =$
[練習12] $(9.16 + 30.84) + 5,713 \times 264 =$

例5 $7,546,931 \div 47 - 321 \times 64 =$

左の除算の答を独立メモリーにプラスで入力し、右の乗算の答を独立メモリーにマイナスで入力することにより、独立メモリー内で引き算が行えます。

[1] 7546931 ÷ 47 M+
[2] 321 × 64 M-
[3] MR （答 140,029）

[練習13] $2,337,310 \div 94 - 56 \times 273 =$
[練習14] $357 \times 5,816 - 406.2 \times 805 =$
[練習15] $2,584,545 \div 53 - 2,551,120 \div 715 =$

【2】中央の計算が乗算のときは、左の計算の答を独立メモリーに入力する。

例6 $360 - 197 \times 7,018 - 632 =$

左の引き算の答を独立メモリーに入力し、右の引き算の答を求めて乗算する際に、MR で呼び出し掛け算します。

[1] 360 - 197 M+
[2] 7018 - 632 =
[3] × MR = （答 1,040,918）

[練習16] $(410.7 + 628.3) \times (528 + 7,801) =$
[練習17] $(8,142 - 7,631) \times (792 \times 40.5) =$
[練習18] $(312.5 + 69.5) \times (59,014 - 2,096) =$

【3】中央の計算が除算のときは、左の計算の答を独立メモリーに入力し、定数計算を行う。

例7 $(297 \times 567) \div (21,141 \div 783) =$

左の乗算の答を独立メモリーに入力し、右の除算の答を求めた後に定数計算（÷÷）を行います。

[1] 297 × 567 M+
[2] 21141 ÷ 783 =
[3] ÷ ÷ MR = （答 6,237）

[練習19] $(331,978 + 81,032) \div (61.3 + 28.7) =$
[練習20] $(318,966 + 61,908) \div (601 - 87) =$
[練習21] $(390,278,451 \div 63) \div (109 \times 31) =$

【4】端数処理は、M+ M- = のいずれかを押した場合に実行される。

例8 $4,809 \times 56.2 + 49,253.4 \div 9,121 =$

下記の手順では、独立メモリー内で左右の計算の答を足し算するために、[1] [2] とも M+ を押しているので、端数処理が実行されています。（3級は整数未満切捨てですので、計算前に、タブスイッチを"0"、ラウンドスイッチを"CUT"にセットすることを忘れないようにしましょう。）

[1] 4809 × 56・2 M+
[2] 49253・4 ÷ 9121 M+
[3] MR （答 270,270）

[練習22] $193.2 \times 604 + 2,824,873 \div 4,185 =$
[練習23] $2,043 \times 71.5 + 244,675.2 \div 5,296 =$
[練習24] $1,704,746 \div 53 - 1,810 \div 2.97 =$

例9 $(35,081.4 \div 7.9) \times (371,604 \div 591.3) =$

下記の [1] では独立メモリーに入力するために M+ を押しているので端数処理が実行され、[2] では計算の末尾で = を押しているので端数処理が実行されます。

[1] 35081・4 ÷ 7・9 M+
[2] 371604 ÷ 591・3 =
[3] × MR = （答 2,788,320）

[練習25] $(167.5 - 89.3) \times (39.2 - 28.6) =$
[練習26] $(48,333.6 + 5,927.1) \div (482.9 - 153) =$
[練習27] $(3,907 \times 42.6) \div (16.3 \times 49) =$

※［練習］の解答は、12ページに掲載してあります。

伝票算

❶ 伝票算の概略

伝票算は、15ページに渡って紙片に印字されている数字を、ページをめくりながら足し算していく科目です。第1問は（1）の数字だけ、第2問は（2）の数字だけ…第5問は（5）の数字だけを15ページ分足し算します。

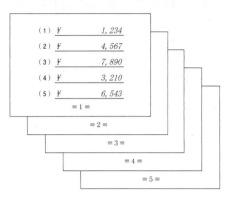

❷ 検定試験で使用する伝票算

検定試験で使用する伝票算は、第1問から第5問が1ページから15ページ、第6問から第10問が16ページから30ページです。そして15ページと16ページの間に間紙（あいし）が入っています。

❸ 本書に添付の伝票算

- 本書に添付の伝票算は両面に問題を印刷していますので、左手でも右手でもめくることができます。
- 下表のように、ページをずらして使用することにより、1冊で15回分の練習ができるようになっています。そのため、（6）〜（10）に相当するページにも、（1）〜（5）という番号が印字してありますので、ご使用の際には注意してください。

回数	第1回	第2回	第3回	第4回	第5回	第6回	第7回	第8回		第12回	第13回	第14回	第15回
(1) 〜 (5)	1ページ 〜 15ページ	2ページ 〜 16ページ	3ページ 〜 17ページ	4ページ 〜 18ページ	5ページ 〜 19ページ	6ページ 〜 20ページ	7ページ 〜 21ページ	8ページ 〜 22ページ		12ページ 〜 26ページ	13ページ 〜 27ページ	14ページ 〜 28ページ	15ページ 〜 29ページ
(6) 〜 (10)	16ページ 〜 30ページ	17ページ 〜 31ページ	18ページ 〜 32ページ	19ページ 〜 33ページ	20ページ 〜 34ページ	21ページ 〜 35ページ	22ページ 〜 36ページ	23ページ 〜 37ページ		27ページ 〜 41ページ	28ページ 〜 42ページ	29ページ 〜 43ページ	30ページ 〜 44ページ

（回数ごとのページ分けについては、伝票算の前書き3ページ目の「ページ分け一覧表」をご参照ください。）

❹ 伝票ホルダー（別売）

伝票算を固定する器具「伝票ホルダー」は、ゴム製のマットにクリップがついており、伝票を机上にしっかりと固定することができます。また、表紙や計算済みのページをストッパーに固定しておけますので、非常にめくりやすく計算しやすくなります。

複合算［練習］の解答					
［練習1］35	［練習6］216	［練習11］845,667	［練習16］8,653,831	［練習21］1,833	［練習26］164
［練習2］41	［練習7］50	［練習12］1,508,272	［練習17］16,390,836	［練習22］117,366	［練習27］208
［練習3］32	［練習8］8	［練習13］9,577	［練習18］21,742,676	［練習23］146,120	
［練習4］49	［練習9］18	［練習14］1,749,321	［練習19］4,589	［練習24］31,556	
［練習5］18	［練習10］704,694	［練習15］45,197	［練習20］741	［練習25］780	

第1回

乗算解答 （●印1箇所5点×20箇所）

No.	解答	構成比(小計)	構成比(合計)
1	2,965,326	18.99 %	18.98 %
2	● 4,699,170	30.10 %	30.09 %
3	● 3,460,930	22.17 %	22.16 %
4	3,647,424	23.36 %	23.35 %
5	839,509	5.38 %	5.37 %
小計(1)=¥	15,612,359	100	
6	0.135	0.00 %	0.00 %
7	6,721.829	92.67 %	0.04 %
8	512.688	7.07 %	0.00 %
9	● 0.077	0.00 %	
10	19.095	0.26 %	0.00 %
小計(2)=¥	7,253.824	100	
合計=¥	15,619,612.824		100 %
11	912,384	4.83 %	4.70 %
12	4,296,526	22.74 %	22.14 %
13	6,714,018	35.54 %	34.59 %
14	● 1,565,760	8.29 %	8.07 %
15	5,403,129	28.60 %	27.84 %
小計(3)=¥	18,891,817	100	
16	● 322,759	62.43 %	1.66 %
17	187,452	36.26 %	0.97 %
18	93	0.02 %	0.00 %
19	456	0.09 %	0.00 %
20	6,215	1.20 %	0.03 %
小計(4)=¥	516,975	100	
合計=¥	19,408,792		100 %

除算解答 （●印1箇所5点×20箇所）

No.	解答	構成比(小計)	構成比(合計)
1	14	0.63 %	0.62 %
2	790	35.38 %	35.21 %
3	802	35.92 %	35.74 %
4	● 269	12.05 %	11.99 %
5	358	16.03 %	15.95 %
小計(1)=	2,233	100	
6	0.523	4.81 %	0.02 %
7	● 0.485	4.47 %	0.02 %
8	9.176	84.48 %	0.41 %
9	● 0.631	5.81 %	0.03 %
10	0.047	0.43 %	0.00 %
小計(2)=	● 10.862	100	
合計=	2,243.862		100 %
11	546	9.45 %	6.35 %
12	4,083	70.68 %	47.50 %
13	217	3.76 %	2.52 %
14	192	3.32 %	2.23 %
15	739	12.79 %	8.60 %
小計(3)=¥	5,777	100	
16	625	22.18 %	7.27 %
17	301	10.68 %	3.50 %
18	● 864	30.66 %	10.05 %
19	78	2.77 %	0.91 %
20	950	33.71 %	11.05 %
小計(4)=¥	2,818	100	
合計=¥	8,595		100 %

見取算解答 （1題10点×10題）

No.	解答
1	¥ 2,446,335
2	¥ 2,761,596
3	¥ 819,765
4	¥ 1,798,722
5	¥ 1,588,300
6	¥ 2,403,162
7	¥ 2,283,552
8	¥ 1,686,551
9	¥ 2,725,353
10	¥ 1,565,872

伝票算解答 （1題10点×10題）

No.	解答
1	¥ 294,071
2	¥ 204,349
3	¥ 243,030
4	¥ 254,402
5	¥ 336,329
6	¥ 399,978
7	¥ 264,735
8	¥ 290,745
9	¥ 333,054
10	¥ 351,477

複合算解答 （1題5点×20題）

No.	解答	No.	解答
1	44,963,716	11	9,310
2	1,528,528,398	12	602
3	5,934,000,000	13	813,216,942
4	6,861,943,000	14	130,598,650
5	2,986	15	8,043
6	7,264	16	652
7	44,718	17	674,773,429
8	26,054,969	18	3,269
9	5,102,003,676	19	302,675,832
10	746,250,579	20	907

■1種目100点を満点とし、各種目とも得点70点以上を合格とする。
■乗算・除算は解答表の●印のついた箇所（1箇所5点、各20箇所）だけを採点する。見取算は解答の●印（1箇所5点、各20箇所）だけを採点する。

※検定試験時の実際の出題箇所は、●印のついた20箇所です。
※ダブルチェックのない確率で計算した場合、上記のとおりにならないことがあります。

第2回

乗算解答 （●印1箇所5点×20箇所）

No.	解答	構成比(小計)	構成比(合計)
1	4,522,320	21.85 %	21.84 %
2	● 7,821,724	37.80 %	37.78 %
3	6,233,344	30.12 %	30.11 %
4	● 1,365,021	6.60 %	6.59 %
5	752,130	3.63 %	3.63 %
小計(1)=¥	20,694,539	100	
6	30.795	0.35 %	0.00 %
7	2,196.084	24.84 %	0.01 %
8	6,613.074	74.80 %	0.03 %
9	● 0.013	0.00 %	
10	0.957	0.01 %	0.00 %
小計(2)=¥	8,840.923	100	
合計=¥	20,703,379.923		100 %
11	● 7,244,417	41.50 %	40.27 %
12	1,728,160	9.90 %	9.61 %
13	4,896,298	28.05 %	27.21 %
14	2,669,314	15.29 %	14.84 %
15	919,056	5.26 %	5.11 %
小計(3)=¥	17,457,245	100	
16	● 93,789	17.55 %	0.52 %
17	312	0.06 %	0.00 %
18	413	0.08 %	0.00 %
19	● 1,715	0.32 %	0.01 %
20	438,172	81.99 %	2.44 %
小計(4)=¥	534,401	100	
合計=¥	17,991,646		100 %

除算解答 （●印1箇所5点×20箇所）

No.	解答	構成比(小計)	構成比(合計)
1	52	2.71 %	2.58 %
2	647	33.77 %	32.10 %
3	● 728	38.00 %	36.12 %
4	180	9.39 %	8.93 %
5	309	16.13 %	15.33 %
小計(1)=	1,916	100	
6	89.4	89.84 %	4.44 %
7	0.456	0.46 %	0.02 %
8	9.375	9.42 %	0.47 %
9	● 0.061	0.06 %	0.00 %
10	0.213	0.21 %	0.01 %
小計(2)=	99.505	100	
合計=	2,015.505		100 %
11	978	30.81 %	18.02 %
12	● 1,039	32.73 %	19.15 %
13	367	11.56 %	6.76 %
14	206	6.49 %	3.80 %
15	584	18.40 %	10.76 %
小計(3)=¥	3,174	100	
16	● 712	31.60 %	13.12 %
17	85	3.77 %	1.57 %
18	491	21.79 %	9.05 %
19	340	15.09 %	6.26 %
20	625	27.74 %	11.52 %
小計(4)=¥	2,253	100	
合計=¥	5,427		100 %

見取算解答 （1題10点×10題）

No.	解答
1	¥ 2,368,530
2	¥ 1,876,716
3	¥ 1,916,052
4	¥ 1,845,333
5	¥ 1,846,794
6	¥ 2,670,993
7	¥ 2,278,089
8	¥ 1,831,610
9	¥ 2,274,102
10	¥ 1,287,665

伝票算解答 （1題10点×10題）

No.	解答
1	¥ 380,736
2	¥ 207,144
3	¥ 317,088
4	¥ 261,630
5	¥ 332,802
6	¥ 326,178
7	¥ 270,675
8	¥ 261,765
9	¥ 333,450
10	¥ 351,666

複合算解答 （1題5点×20題）

No.	解答	No.	解答
1	29,390,485	11	7,718,000,000
2	5,384	12	426,858,536
3	15,178,499	13	7,024
4	263,156,305	14	5,944,638,035
5	867	15	146,238,037
6	672,066,871	16	216,528
7	8,281	17	4,299,260,764
8	3,087,758,736	18	9,028
9	378,834,451	19	985
10	20,132	20	6,243

■1種目100点を満点とし、各種目とも得点70点以上を合格とする。
■乗算・除算は解答表の●印のついた箇所（1箇所5点、各20箇所）だけを採点する。見取算は解答の●印（1箇所5点、各20箇所）だけを採点する。

※検定試験時の実際の出題箇所は、●印のついた20箇所です。
※ダブルチェックのない確率で計算した場合、上記のとおりにならないことがあります。

■1種目 100点を満点とし、各種目とも得点70点以上を合格とする。
■乗算・除算は解答表の●印のついた箇所（1箇所5点、各20箇所）だけを採点する。

第3回

乗算解答（●印1箇所5点×20箇所）

No.	答	小計比%	合計比%
1	●6,818,497	53.15	53.11
2	1,689,120	13.17	13.16
3	2,271,472	17.71	17.69
4	●976,790	7.61	7.61
5	1,073,632	8.37	8.36
小計(1)=	●12,829,511	100	100
6	91.306	0.97	0.00
7	●0.087	0.00	0.00
8	2.964	0.03	0.00
9	5,988.117	63.85	0.05
10	3,295.622	35.14	0.03
小計(2)=	9,378.096	100	
合計=	¥12,838,889.096		100
11	3,514,354	20.49	19.76
12	●1,490,778	8.69	8.38
13	6,155,290	35.89	34.62
14	●3,671,838	21.41	20.65
15	2,317,216	13.51	13.03
小計(3)=	17,149,476	100	100
16	●1,318	0.21	0.01
17	377,739	59.78	2.12
18	●432	0.07	0.00
19	450	0.07	0.00
20	251,896	39.87	1.42
小計(4)=	631,835	100	
合計=	¥17,781,311		100

除算解答（●印1箇所5点×20箇所）

No.	答	小計比%	合計比%
1	●81	3.02	2.97
2	570	21.28	20.92
3	724	27.03	26.57
4	●369	13.77	13.54
5	935	34.90	34.32
小計(1)=	2,679	100	100
6	41.7	91.85	1.53
7	0.092	0.20	0.00
8	●2.846	6.27	0.10
9	0.608	1.34	0.02
10	0.153	0.34	0.01
小計(2)=	45.399	100	
合計=	¥2,724.399		100
11	301	4.46	3.14
12	5,037	74.64	52.55
13	278	4.12	2.90
14	●189	2.80	1.97
15	943	13.97	9.84
小計(3)=	●6,748	100	100
16	510	17.98	5.32
17	796	28.06	8.30
18	42	1.48	0.44
19	864	30.45	9.01
20	●625	22.03	6.52
小計(4)=	●2,837	100	
合計=	¥9,585		100

複合算解答（1題5点×20題）

No.	答
1	28,915,752,075
2	54,298
3	547
4	19,559,376
5	7,097
6	4,954,037,605
7	545,634,988
8	7,905,094,362
9	2,891,237,711
10	288,100,693
11	68,883,028
12	4,420,000,000
13	67,456
14	367,613,014
15	8,652
16	9,283
17	321,055,050
18	8,932
19	9,661
20	904

見取算解答（1題10点×10題）

No.	答
1	¥2,097,540
2	¥2,202,759
3	¥727,035
4	¥2,541,078
5	¥1,762,850
6	¥2,564,757
7	¥2,653,857
8	¥1,971,951
9	¥2,336,517
10	¥1,789,067

伝票算解答（1題10点×10題）

No.	答
1	¥385,740
2	¥206,847
3	¥310,104
4	¥261,990
5	¥253,512
6	¥326,268
7	¥270,981
8	¥262,665
9	¥333,846
10	¥354,726

※検定試験時の実点箇所は、●印のついた箇所です。
※タブスイッチのない電卓で計算した場合、上記のとおりにならないことがあります。

第4回

■1種目 100点を満点とし、各種目とも得点70点以上を合格とする。
■乗算・除算は解答表の●印のついた箇所（1箇所5点、各20箇所）だけを採点する。

乗算解答（●印1箇所5点×20箇所）

No.	答	小計比%	合計比%
1	●1,493,484	8.64	8.63
2	6,692,389	38.70	38.69
3	●3,504,240	20.27	20.26
4	391,840	2.27	2.27
5	5,209,116	30.13	30.11
小計(1)=	17,291,069	100	100
6	5,513.544	76.32	0.03
7	0.081	0.00	0.00
8	3.705	0.05	0.00
9	1,706.292	23.62	0.01
10	●0.185	0.00	0.00
小計(2)=	7,223.807	100	
合計=	¥17,298,292.807		100
11	6,644,053	35.32	34.65
12	2,182,120	11.60	11.38
13	2,427,999	12.91	12.66
14	3,029,242	16.10	15.80
15	4,529,626	24.08	23.62
小計(3)=	18,813,040	100	100
16	109,326	30.21	0.57
17	●935	0.26	0.00
18	672	0.19	0.00
19	520	0.14	0.00
20	250,376	69.20	1.31
小計(4)=	361,829	100	
合計=	¥19,174,869		100

除算解答（●印1箇所5点×20箇所）

No.	答	小計比%	合計比%
1	●8,249	81.59	81.56
2	590	5.84	5.83
3	172	1.70	1.70
4	361	3.57	3.57
5	738	7.30	7.30
小計(1)=	10,110	100	100
6	0.086	1.89	0.00
7	0.914	20.04	0.01
8	●0.653	14.32	0.01
9	2.5	54.82	0.02
10	0.407	8.93	0.00
小計(2)=	4.56	100	
合計=	¥10,114.56		100
11	503	26.40	8.28
12	74	3.88	1.22
13	357	18.74	5.88
14	●169	8.87	2.78
15	802	42.10	13.20
小計(3)=	●1,905	100	100
16	291	6.98	4.79
17	930	22.30	15.31
18	1,875	44.96	30.86
19	426	10.22	7.01
20	648	15.54	10.67
小計(4)=	4,170	100	
合計=	¥6,075		100

複合算解答（1題5点×20題）

No.	答
1	64,543,834
2	843
3	3,331,817,730
4	306,018,114
5	7,864
6	46,562,262
7	13,052
8	51,226,566
9	9,467,351,285
10	63,705,842
11	127
12	4,760
13	9,146
14	2,304,360,219
15	20,348,476
16	10,920
17	326,294,749
18	8,907
19	5,838,000,000
20	7,664

見取算解答（1題10点×10題）

No.	答
1	¥2,095,758
2	¥2,497,005
3	¥718,055
4	¥2,923,254
5	¥1,048,355
6	¥2,389,176
7	¥2,626,488
8	¥1,278,223
9	¥2,246,292
10	¥2,361,619

伝票算解答（1題10点×10題）

No.	答
1	¥385,443
2	¥183,816
3	¥310,365
4	¥230,850
5	¥251,343
6	¥326,574
7	¥284,121
8	¥262,602
9	¥394,416
10	¥355,716

※検定試験時の実点箇所は、●印のついた箇所です。
※タブスイッチのない電卓で計算した場合、上記のとおりにならないことがあります。

第5回

■1種目100点を満点とし、各種目とも得点70点以上を合格とする。
■乗算・除算は解答表の●印のついた箇所(1箇所5点、各20箇所)だけを採点する。

乗算解答 (●印1箇所5点×20箇所)

No.	答	対小計比%	対合計比%
1	1,352,890	9.04	9.03
2	414,840	2.77	2.77
3	●6,385,436	42.65	42.63
4	3,582,336	23.93	23.92
5	3,237,276	21.62	21.61
小計①	¥14,972,778	100	
6	3,850.579	76.21	0.03
7	●0.242	0.00	0.00
8	●0.336	0.01	0.00
9	1,201.152	23.77	0.01
10	●0.264	0.01	0.00
小計③	¥5,052.573	100	
合計	¥14,977,830.573		100
11	714,983	6.11	5.98
12	2,196,308	18.77	18.36
13	●1,350,111	11.54	11.29
14	1,659,672	14.18	13.88
15	5,782,239	49.41	48.34
小計②	●¥11,703,313	100	
16	159,904	61.99	1.34
17	2,814	1.09	0.02
18	●89,024	34.51	0.74
19	315	0.12	0.00
20	●5,880	2.28	0.05
小計④	¥257,937	100	
合計	●¥11,961,250		100

除算解答 (●印1箇所5点×20箇所)

No.	答	対小計比%	対合計比%
1	602	27.92	27.17
2	340	15.77	15.34
3	●973	45.13	43.91
4	85	3.94	3.84
5	●156	7.24	7.04
小計①	¥2,156	100	
6	7.29	12.19	0.33
7	●0.018	0.03	0.00
8	●2.867	4.79	0.13
9	0.534	0.89	0.02
10	●49.1	82.09	2.22
小計③	¥59.809	100	
合計	●¥2,215.809		100
11	7,098	83.44	62.84
12	481	5.65	4.26
13	526	6.18	4.66
14	163	1.92	1.44
15	239	2.81	2.12
小計②	●¥8,507	100	
16	875	31.38	7.75
17	42	1.51	0.37
18	●317	11.37	2.81
19	●904	32.42	8.00
20	650	23.31	5.75
小計④	¥2,788	100	
合計	●¥11,295		100

複合算解答 (1題5点×20題)

No.	答
1	29,631,550
2	6,098
3	87,165
4	67,679,357
5	5,069,249,472
6	8,732
7	2,882,064,366
8	941
9	499,466,169
10	21,687,977
11	3,519
12	7,357
13	5,066,000,000
14	40,378,198
15	19,498
16	1,863
17	93,232,194
18	385,228,619
19	7,684,154,295
20	1,166

見取算解答 (1題10点×10題)

No.	答
1	¥2,337,570
2	¥3,172,176
3	¥1,200,314
4	¥2,199,852
5	¥1,274,457
6	¥2,502,711
7	¥3,358,728
8	¥947,354
9	¥2,451,879
10	¥1,729,684

伝票算解答 (1題10点×10題)

No.	答
1	¥403,443
2	¥183,519
3	¥302,112
4	¥236,844
5	¥254,943
6	¥338,814
7	¥283,761
8	¥272,853
9	¥388,458
10	¥345,816

※検定試験時の採点箇所は、●印のついた箇所です。
※タブスイッチのない電卓で計算した場合、上記のとおりにならないことがあります。

第6回

■1種目100点を満点とし、各種目とも得点70点以上を合格とする。
■乗算・除算は解答表の●印のついた箇所(1箇所5点、各20箇所)だけを採点する。

乗算解答 (●印1箇所5点×20箇所)

No.	答	対小計比%	対合計比%
1	3,472,248	18.62	18.62
2	6,333,350	33.97	33.96
3	●4,006,119	21.49	21.48
4	2,852,078	15.30	15.29
5	1,981,710	10.63	10.63
小計①	¥18,645,505	100	
6	●0.189	0.01	0.00
7	824.922	33.82	0.00
8	1,613.268	66.14	0.01
9	●0.044	0.00	0.00
10	0.716	0.03	0.00
小計③	¥2,439.139	100	
合計	●¥18,647,944.139		100
11	4,187,612	33.57	31.82
12	1,200,542	9.62	9.12
13	●538,489	4.32	4.09
14	●5,881,392	47.15	44.69
15	666,231	5.34	5.06
小計②	¥12,474,266	100	
16	4,718	0.69	0.04
17	●574,906	83.78	4.37
18	103,054	15.02	0.78
19	●653	0.10	0.00
20	2,842	0.41	0.02
小計④	¥686,173	100	
合計	●¥13,160,439		100

除算解答 (●印1箇所5点×20箇所)

No.	答	対小計比%	対合計比%
1	794	35.88	34.71
2	350	15.82	15.30
3	581	26.25	25.40
4	●16	0.72	0.70
5	●472	21.33	20.63
小計①	¥2,213	100	
6	●0.265	0.36	0.01
7	0.827	1.11	0.04
8	●0.039	0.05	0.00
9	64.3	86.26	2.81
10	9.108	12.22	0.40
小計③	¥74.539	100	
合計	●¥2,287.539		100
11	407	9.66	6.15
12	546	12.96	8.25
13	●873	20.72	13.20
14	2,019	47.92	30.52
15	368	8.73	5.56
小計②	●¥4,213	100	
16	180	7.49	2.72
17	931	38.76	14.07
18	●74	3.08	1.12
19	592	24.65	8.95
20	625	26.02	9.45
小計④	¥2,402	100	
合計	●¥6,615		100

複合算解答 (1題5点×20題)

No.	答
1	50,275,373
2	17,340,494
3	8,629,081,968
4	370,598,573
5	6,150,000,000
6	4,619,603,660
7	2,304,832,002
8	415,033,142
9	38,833,157
10	56,020,352
11	74,763
12	684
13	6,758
14	15,056
15	245,149,290
16	274
17	846
18	7,984
19	9,023
20	9,787

見取算解答 (1題10点×10題)

No.	答
1	¥2,875,644
2	¥2,093,040
3	¥438,540
4	¥2,234,844
5	¥2,251,857
6	¥2,729,898
7	¥2,180,385
8	¥1,023,244
9	¥2,419,893
10	¥817,125

伝票算解答 (1題10点×10題)

No.	答
1	¥406,665
2	¥184,014
3	¥299,439
4	¥298,818
5	¥258,903
6	¥334,854
7	¥283,293
8	¥279,486
9	¥345,798
10	¥341,613

※検定試験時の採点箇所は、●印のついた箇所です。
※タブスイッチのない電卓で計算した場合、上記のとおりにならないことがあります。

第7回

乗算解答 (●印1箇所5点×20箇所)

No.	%	%	解答
1	11.80%	11.80%	2,094,242
2	41.91%	41.93%	7,440,146
3	19.63%	19.64%	3,484,972
4	20.01%	20.01%	3,551,340
5	6.62%	6.62%	1,175,230
小計①=			¥17,745,930
6	0.00%	0.05%	2.535
7	0.02%	83.96%	4,374.279
8	0.00%	15.98%	832.462
9	0.00%	0.00%	0.091
10	0.00%	0.01%	0.395
小計②=			¥5,209.762
11	4.84%	5.01%	996,357
12	17.04%	17.66%	3,510,651
13	21.36%	22.14%	4,401,516
14	20.15%	20.88%	4,150,944
15	33.12%	34.32%	6,824,306
小計③=			¥19,883,774
16	0.00%	0.08%	588
17	0.01%	0.18%	1,300
18	0.00%	0.04%	253
19	0.18%	5.11%	36,852
20	3.31%	94.59%	681,824
小計④=			¥720,817
合計=	100%	100%	¥17,751,139.762 / ¥20,604,591

除算解答 (●印1箇所5点×20箇所)

No.	%	%	解答
1	16.25%	16.36%	260
2	9.81%	9.88%	157
3	21.31%	21.46%	341
4	3.06%	3.08%	49
5	48.87%	49.21%	782
小計①=			1,589
6	0.04%	5.63%	0.638
7	0.06%	7.90%	0.895
8	0.00%	0.64%	0.073
9	0.58%	81.28%	9.206
10	0.03%	4.54%	0.514
小計②=			11.326
11	2.48%	3.27%	316
12	63.00%	83.03%	8,023
13	0.86%	1.13%	109
14	5.08%	6.70%	647
15	4.46%	5.88%	568
小計③=			9,663
16	7.48%	30.99%	952
17	3.38%	14.00%	430
18	0.19%	0.78%	24
19	6.21%	25.75%	791
20	6.87%	28.48%	875
小計④=			3,072
合計=	100%	100%	1,600.326 / 12,735

複合算解答 (1題5点×20題)

No.	解答
1	6,565,061,210
2	7,945
3	8,571
4	58,144,643
5	16,788
6	8,089
7	29,497,178
8	77,856,211
9	319,361,258
10	932
11	98
12	326,457
13	169
14	4,321,253,340
15	2,243,236,433
16	54,434
17	45,550,470
18	36,242,161
19	596,065,147
20	6,435,000,000

見取算解答 (1題10点×10題)

No.	解答
1	¥2,724,255
2	¥1,984,194
3	¥1,207,042
4	¥2,295,711
5	¥1,399,266
6	¥2,252,853
7	¥2,975,850
8	¥1,766,724
9	¥1,688,103
10	¥1,253,309

伝票算解答 (1題10点×10題)

No.	解答
1	¥406,710
2	¥175,014
3	¥299,484
4	¥299,358
5	¥258,498
6	¥335,601
7	¥351,693
8	¥279,738
9	¥347,598
10	¥342,108

第8回

乗算解答 (●印1箇所5点×20箇所)

No.	%	%	解答
1	27.78%	27.78%	4,679,320
2	24.71%	24.71%	4,162,560
3	20.02%	20.02%	3,372,512
4	17.13%	17.13%	2,884,819
5	10.36%	10.36%	1,744,336
小計①=			¥16,843,547
6	0.00%	27.19%	484.732
7	0.00%	0.00%	0.025
8	0.00%	29.58%	527.391
9	0.00%	43.23%	770.704
10	0.00%	0.00%	0.066
小計②=			¥1,782.918
11	27.58%	27.93%	5,276,648
12	32.28%	32.69%	6,175,719
13	32.09%	32.50%	6,139,584
14	4.48%	4.53%	856,582
15	2.32%	2.35%	444,502
小計③=			¥18,893,035
16	0.74%	59.31%	141,522
17	0.00%	0.28%	675
18	0.48%	38.09%	90,882
19	0.01%	0.85%	2,030
20	0.02%	1.47%	3,514
小計④=			¥238,623
合計=	100%	100%	¥16,845,329.918 / ¥19,131,658

除算解答 (●印1箇所5点×20箇所)

No.	%	%	解答
1	76.97%	77.12%	5,817
2	2.01%	2.02%	152
3	12.41%	12.44%	938
4	5.24%	5.25%	396
5	3.18%	3.18%	240
小計①=			7,543
6	0.11%	57.90%	8.4
7	0.01%	4.17%	0.605
8	0.06%	32.47%	4.71
9	0.01%	5.26%	0.763
10	0.00%	0.20%	0.029
小計②=			14.507
11	6.12%	26.89%	481
12	1.39%	6.09%	109
13	3.87%	16.99%	304
14	11.03%	48.46%	867
15	0.36%	1.57%	28
小計③=			1,789
16	39.77%	51.50%	3,125
17	12.35%	15.99%	970
18	8.81%	11.40%	692
19	6.82%	8.83%	536
20	9.48%	12.28%	745
小計④=			6,068
合計=	100%	100%	7,557.507 / 7,857

複合算解答 (1題5点×20題)

No.	解答
1	838
2	21
3	9,243
4	7,169
5	1,452,693,698
6	54,916,525
7	460
8	5,368,282,614
9	25,189,877
10	17,554
11	341,751
12	5,479
13	265,610,748
14	62,689,200
15	6,591,000,000
16	76,930,479
17	49,102,823
18	3,798,332,807
19	9,074
20	866,240,467

見取算解答 (1題10点×10題)

No.	解答
1	¥2,202,480
2	¥2,796,903
3	¥2,061,822
4	¥2,248,308
5	¥1,013,059
6	¥2,281,482
7	¥2,233,764
8	¥1,674,896
9	¥2,244,204
10	¥2,142,817

伝票算解答 (1題10点×10題)

No.	解答
1	¥430,155
2	¥172,980
3	¥269,586
4	¥299,952
5	¥298,332
6	¥298,269
7	¥347,733
8	¥249,768
9	¥347,634
10	¥381,591

第9回

■ 1種目100点を満点とし、各種目とも得点70点以上を合格とする。
■ 乗算・除算は解答表の●印のついた箇所（1箇所5点、各20箇所）だけを採点する。

乗算解答 （●印1箇所5点×20箇所）

No.	解答		No.	解答	
1	1,011,636	8.42% 8.41%	11	4,472,524	29.11% 28.74%
2	● 1,539,663	12.81% 12.80%	12	6,960,348	45.30% 44.73%
3	1,325,190	11.03% 11.02%	13	● 861,464	5.61% 5.54%
4	3,682,308	30.64% 30.62%	14	1,055,183	6.87% 6.78%
5	● 4,458,480	37.10% 37.07%	15	● 2,016,843	13.13% 12.96%
小計(1)=	● 12,017,297	100% 100%	小計(3)=	● 15,366,362	100% 100%
6	● 0.564	0.01% 0.00%	16	135,828	69.67% 57.01%
7	915.176	10.25% 0.22%	17	● 85	0.04% 3.67%
8	8,013.073	89.74% 3.48%	18	49,502	25.39% 2.25%
9	● 0.324	0.00% 5.48%	19	● 3,075	1.58% 11.76%
10	0.358	0.00% 49.20%	20	6,468	3.32% 5.84%
小計(2)=	● 8,929.495	100% 100%	小計(4)=	● 194,958	100% 100%
合計=	12,026,226.495		合計=	● 15,561,320	

除算解答 （●印1箇所5点×20箇所）

No.	解答		No.	解答	
1	1,527	47.20% 46.95%	11	109	4.52% 1.07%
2	570	17.62% 17.53%	12	763	31.63% 7.47%
3	● 364	11.25% 11.19%	13	● 697	28.90% 6.82%
4	● 281	8.69% 8.64%	14	801	33.21% 7.84%
5	493	15.24% 15.16%	15	42	1.74% 0.41%
小計(1)=	● 3,235	100%	小計(3)=	● 2,412	100%
6	7.19	41.62% 0.22%	16	● 5,824	74.64% 57.01%
7	0.038	0.22% 0.00%	17	375	4.81% 3.67%
8	0.602	3.48% 0.02%	18	230	2.95% 2.25%
9	0.946	5.48% 0.03%	19	918	11.76% 8.99%
10	● 8.5	49.20% 0.26%	20	456	5.84% 4.46%
小計(2)=	17.276	100%	小計(4)=	● 7,803	100%
合計=	3,252.276		合計=	10,215	

見取算解答 （1題10点×10題）

No.	解答
1	¥ 1,976,112
2	¥ 2,388,780
3	¥ 1,712,837
4	¥ 2,735,910
5	¥ 1,456,739
6	¥ 2,278,374
7	¥ 1,786,473
8	¥ 1,570,237
9	¥ 3,166,209
10	¥ 1,446,554

伝票算解答 （1題10点×10題）

No.	解答
1	¥ 430,326
2	¥ 236,880
3	¥ 270,585
4	¥ 306,252
5	¥ 302,949
6	¥ 299,259
7	¥ 334,143
8	¥ 251,847
9	¥ 337,734
10	¥ 379,053

複合算解答 （1題5点×20題）

No.	解答	No.	解答
1	758,048,854	11	371,758,530
2	6,237	12	264,519
3	8,435	13	466
4	53,524,748	14	33,419,627
5	8,859	15	13,037
6	272,825,910	16	7,969
7	28,455,957	17	41,837,593
8	75,120,568	18	6,804,000,000
9	5,443,559,086	19	97
10	962	20	1,567,067,744

※検定試験時の誤答箇所表示は、●印のついた20箇所です。
※タブレットのない電卓で計算した場合、上記のような計算結果にならないことがあります。

第10回

■ 1種目100点を満点とし、各種目とも得点70点以上を合格とする。
■ 乗算・除算は解答表の●印のついた箇所（1箇所5点、各20箇所）だけを採点する。

乗算解答 （●印1箇所5点×20箇所）

No.	解答		No.	解答	
1	762,021	7.38% 7.38%	11	904,470	5.73% 5.67%
2	● 4,463,320	43.24% 43.21%	12	● 4,522,938	28.64% 28.36%
3	492,108	4.77% 4.76%	13	1,413,127	8.95% 8.86%
4	● 3,181,530	30.82% 30.80%	14	3,394,774	21.50% 21.29%
5	1,423,421	13.79% 13.78%	15	5,557,404	35.19% 34.85%
小計(1)=	10,322,400	100%	小計(3)=	● 15,792,713	100%
6	4,828.248	71.32% 0.05%	16	● 8,274	5.41% 0.05%
7	● 0.068	0.00% 0.00%	17	252	0.16% 0.00%
8	1,887.648	27.88% 0.02%	18	97,016	63.38% 0.61%
9	51.2	0.76% 0.00%	19	45,759	29.89% 0.29%
10	● 3.015	0.04% 0.00%	20	1,775	1.16% 0.01%
小計(2)=	● 6,770.179	100%	小計(4)=	153,076	100%
合計=	10,329,170.179		合計=	● 15,945,789	

除算解答 （●印1箇所5点×20箇所）

No.	解答		No.	解答	
1	5,398	68.89% 68.31%	11	902	42.65% 6.70%
2	976	12.46% 12.35%	12	583	27.57% 4.33%
3	● 210	2.68% 2.66%	13	● 429	20.28% 3.19%
4	407	5.19% 5.15%	14	134	6.34% 1.00%
5	● 845	10.78% 10.69%	15	67	3.17% 0.50%
小計(1)=	● 7,836	100%	小計(3)=	● 2,115	100%
6	0.082	0.12% 0.00%	16	● 9,150	80.69% 68.00%
7	0.39	0.59% 0.00%	17	248	2.19% 1.84%
8	● 65.1	97.96% 0.82%	18	761	6.71% 5.66%
9	0.164	0.25% 0.00%	19	375	3.31% 2.79%
10	0.723	1.09% 0.01%	20	806	7.11% 5.99%
小計(2)=	● 66.459	100%	小計(4)=	● 11,340	100%
合計=	7,902.459		合計=	13,455	

見取算解答 （1題10点×10題）

No.	解答
1	¥ 2,427,471
2	¥ 2,069,469
3	¥ 936,624
4	¥ 2,864,313
5	¥ 1,905,309
6	¥ 1,902,825
7	¥ 2,933,874
8	¥ 2,372,294
9	¥ 1,774,368
10	¥ 1,650,785

伝票算解答 （1題10点×10題）

No.	解答
1	¥ 429,660
2	¥ 233,397
3	¥ 270,765
4	¥ 306,513
5	¥ 302,499
6	¥ 299,952
7	¥ 338,103
8	¥ 251,658
9	¥ 331,794
10	¥ 379,503

複合算解答 （1題5点×20題）

No.	解答	No.	解答
1	14,327,265	11	47,960
2	22,590,736	12	568,047,996
3	1,059	13	253,965,552
4	68,411,339	14	9,233
5	37	15	2,115
6	52,350,969	16	9,150
7	1,024	17	7,177,729,680
8	3,719,870,854	18	30,286,962
9	875	19	8,263
10	408,535,123	20	7,298

※検定試験時の誤答箇所表示は、●印のついた20箇所です。
※タブレットのない電卓で計算した場合、上記のような計算結果にならないことがあります。

第11回

■1種目100点を満点とし、各種目とも得点70点以上を合格とする。
■乗算・除算は解答表の●印のついた箇所（1箇所5点×20箇所）だけを採点する。

乗算解答（●印1箇所5点×20箇所）

No.	答	%	%
1	●1,156,530	5.25%	5.25%
2	8,358,120	37.96%	37.96%
3	●2,308,732	10.49%	10.49%
4	6,599,442	29.98%	29.97%
5	3,592,528	16.32%	16.32%
小計①=	22,015,352	100	100
6	14.408	0.98%	0.00%
7	0.073	0.00%	0.00%
8	●0.213	0.01%	0.01%
9	553.554	37.64%	37.64%
10	902.388	61.36%	61.36%
小計②=	1,470.636	100	
合計=¥	22,016,822.636		
11	3,491,970	19.45%	19.09%
12	●5,011,333	27.91%	27.40%
13	909,402	5.06%	4.97%
14	3,868,722	21.54%	21.15%
15	●4,676,076	26.04%	25.57%
小計③=¥	17,957,503	100	
16	5,586	1.68%	0.03%
17	41,359	12.45%	0.23%
18	●63	0.02%	0.00%
19	280,922	84.55%	1.54%
20	●4,329	1.30%	0.02%
小計④=¥	332,259	100	
合計=¥	18,289,762		

除算解答（●印1箇所5点×20箇所）

No.	答	%	%
1	98	6.62%	6.60%
2	264	17.84%	17.77%
3	●187	12.64%	12.59%
4	401	27.09%	26.99%
5	530	35.81%	35.68%
小計①=	1,480	100	100
6	0.793	14.43%	0.05%
7	3.125	56.87%	0.21%
8	0.642	11.68%	0.04%
9	●0.876	15.94%	0.06%
10	0.059	1.07%	0.00%
小計②=	5.495	100	
合計=	1,485.495		
11	●2,067	47.11%	30.42%
12	139	3.17%	2.05%
13	●948	21.60%	13.95%
14	581	13.24%	8.55%
15	653	14.88%	9.61%
小計③=	4,388	100	
16	824	34.23%	12.13%
17	490	20.36%	7.21%
18	16	0.66%	0.24%
19	702	29.16%	10.33%
20	●375	15.58%	5.52%
小計④=	2,407	100	
合計=	●6,795		

見取算解答（1題10点×10題）

No.	答
1	¥2,255,256
2	¥1,854,045
3	¥934,693
4	¥2,234,532
5	¥1,334,475
6	¥2,918,088
7	¥2,833,380
8	¥2,263,014
9	¥1,861,929
10	¥2,042,580

複合算解答（1題5点×20題）

No.	答
1	75,650,850
2	16,191
3	8,732
4	908
5	6,927
6	2,003,047,936
7	45
8	28,182,794
9	3,506,066,916
10	68,258,694
11	555,062,720
12	10,584
13	16,712,694
14	36,617,071
15	8,314
16	9,619
17	44,097,750
18	5,593,000,000
19	471
20	7,769,988,330

伝票算解答（1題10点×10題）

No.	答
1	¥375,660
2	¥233,298
3	¥320,265
4	¥306,315
5	¥368,163
6	¥309,852
7	¥338,256
8	¥242,658
9	¥331,965
10	¥326,070

※検定試験時の採点箇所は、●印のついた20箇所。
※タブレット・タッチのない電卓で計算した場合、上記のとおりにならないことがあります。

第12回

■1種目100点を満点とし、各種目とも得点70点以上を合格とする。
■乗算・除算は解答表の●印のついた箇所（1箇所5点×20箇所）だけを採点する。

乗算解答（●印1箇所5点×20箇所）

No.	答	%	%
1	5,378,982	23.43%	23.42%
2	●2,625,080	11.43%	11.43%
3	1,754,994	7.64%	7.64%
4	4,911,300	21.39%	21.39%
5	8,291,769	36.11%	36.11%
小計①=	22,962,125	100	100
6	●1.488	0.09%	0.00%
7	0.391	0.02%	0.02%
8	●0.205	0.01%	0.01%
9	565.081	35.83%	35.83%
10	1,009.794	64.03%	64.03%
小計②=	1,576.959	100	
合計=¥	22,963,701.959		
11	6,894,762	39.28%	37.70%
12	979,272	5.58%	5.35%
13	●1,825,567	10.40%	9.98%
14	4,329,828	24.67%	23.68%
15	3,523,226	20.07%	19.27%
小計③=¥	17,552,655	100	
16	●1,620	0.22%	0.01%
17	92,211	12.55%	0.50%
18	151	0.02%	0.00%
19	639,956	87.09%	3.50%
20	844	0.11%	0.00%
小計④=¥	734,782	100	
合計=¥	●18,287,437		

除算解答（●印1箇所5点×20箇所）

No.	答	%	%
1	2,603	56.91%	56.75%
2	915	20.00%	19.95%
3	●327	7.15%	7.13%
4	140	3.06%	3.05%
5	589	12.88%	12.84%
小計①=	4,574	100	
6	●0.098	0.79%	0.00%
7	4.2	33.75%	0.09%
8	6.54	52.55%	0.14%
9	0.736	5.91%	0.02%
10	0.871	7.00%	0.02%
小計②=	12.445	100	
合計=	4,586.445		
11	312	18.90%	2.76%
12	●479	29.01%	4.24%
13	596	36.10%	5.28%
14	63	3.82%	0.56%
15	201	12.17%	1.78%
小計③=	●1,651	100	
16	950	9.85%	8.41%
17	837	8.68%	7.41%
18	●7,084	73.45%	62.72%
19	648	6.72%	5.74%
20	●125	1.30%	1.11%
小計④=	9,644	100	
合計=	●11,295		

見取算解答（1題10点×10題）

No.	答
1	¥2,452,392
2	¥2,990,610
3	¥946,006
4	¥1,673,424
5	¥1,321,677
6	¥3,139,392
7	¥2,667,447
8	¥1,278,106
9	¥2,652,480
10	¥1,610,016

複合算解答（1題5点×20題）

No.	答
1	819
2	65
3	3,348
4	7,358
5	66,595,230
6	9,698,230,080
7	36,929,336
8	6,961,686,921
9	35,774,316
10	12,132
11	18,003
12	9,047
13	597,312,425
14	4,591,910,199
15	23,474,888
16	5,150,000,000
17	71,127,627
18	25,168,102
19	4,682
20	327,996

伝票算解答（1題10点×10題）

No.	答
1	¥375,030
2	¥232,848
3	¥320,616
4	¥262,485
5	¥367,425
6	¥309,888
7	¥392,307
8	¥242,307
9	¥365,112
10	¥327,996

※検定試験時の採点箇所は、●印のついた20箇所。
※タブレット・タッチのない電卓で計算した場合、上記のとおりにならないことがあります。

第13回

■1種目100点を満点とし、各種目とも得点70点以上を合格とする。
■乗算・除算は解答表の●印のついた箇所(1箇所5点。各20箇所)だけを採点する。

乗算解答 (●印1箇所5点×20箇所)

No	答	%	%
1	2,227,386	13.12	13.11
2	1,710,960	10.07	10.07
3	●3,912,882	23.04	23.04
4	●8,243,450	48.54	48.54
5	●888,024	5.23	5.23
小計(1)=¥16,982,702		100	100
6	39.2	2.77	
7	710.294	50.13	50.13
8	●0.048	0.00	0.00
9	2.304	0.16	
10	●664.994	46.94	46.94
小計(2)=¥1,416.84		100	
11	5,550,006	34.33	33.30
12	●867,128	5.36	5.20
13	7,365,987	45.56	44.19
14	●1,474,452	9.12	8.85
15	909,647	5.63	5.46
小計(3)=¥16,167,220		100	100
16	●369	0.07	0.00
17	78,213	15.65	0.47
18	416,139	83.26	2.50
19	2,665	0.53	0.02
20	●2,422	0.48	0.01
小計(4)=¥499,808		100	
合計=¥16,667,028			100

除算解答 (●印1箇所5点×20箇所)

No	答	%	%
1	●449	1.72	1.71
2	823	28.88	28.68
3	731	25.65	25.48
4	●680	23.86	23.70
5	567	19.89	19.76
小計(1)=¥2,850		100	100
6	15.8	82.18	0.55
7	0.945	4.91	0.03
8	0.392	2.04	0.01
9	2.014	10.47	0.07
10	●0.076	0.40	0.00
小計(2)=¥19.227		100	
11	3,408	65.88	42.31
12	●162	3.13	2.01
13	281	5.43	3.49
14	793	15.33	9.84
15	529	10.23	6.57
小計(3)=¥5,173		100	100
16	36	1.25	0.45
17	450	15.61	5.59
18	617	21.41	7.66
19	875	30.36	10.86
20	●904	31.37	11.22
小計(4)=¥2,882		100	
合計=¥8,055			100

見取算解答 (1題10点×10題)

No	答
1	¥ 2,439,504
2	¥ 2,946,672
3	¥ 1,024,728
4	¥ 2,452,761
5	¥ 1,540,525
6	¥ 2,395,557
7	¥ 1,986,849
8	¥ 1,087,902
9	¥ 3,433,212
10	¥ 2,339,849

複合算解答 (1題5点×20題)

No	答
1	43,384,281
2	14,436
3	18,086,873
4	9,205,574,805
5	5,654
6	6,703
7	841,314
8	51,034,532
9	381,441,723
10	107
11	23,586,658
12	6,110,000,000
13	26,628,952
14	33,382,899
15	5,407,001,157
16	8,247
17	93
18	794
19	7,668,337,625
20	4,829

伝票算解答 (1題10点×10題)

No	答
1	¥ 366,120
2	¥ 232,245
3	¥ 287,406
4	¥ 263,475
5	¥ 367,137
6	¥ 318,168
7	¥ 392,166
8	¥ 302,139
9	¥ 366,300
10	¥ 328,300

※検定試験時の採点箇所は、●印のついた箇所です。
※タブレットなどの電卓で計算した場合、上記の通りにならないことがあります。

第14回

■1種目100点を満点とし、各種目とも得点70点以上を合格とする。
■乗算・除算は解答表の●印のついた箇所(1箇所5点。各20箇所)だけを採点する。

乗算解答 (●印1箇所5点×20箇所)

No	答	%	%
1	3,538,104	18.04	18.04
2	7,387,880	37.67	37.66
3	●1,246,596	6.36	6.36
4	2,429,490	12.39	12.39
5	●5,010,274	25.55	25.54
小計(1)=¥19,612,344		100	100
6	0.074	0.00	0.00
7	2,537.706	73.67	0.00
8	●6.372	0.18	0.01
9	30.2	0.88	
10	●870.506	25.27	
小計(2)=¥3,444.858		100	
11	767,676	8.88	7.80
12	1,220,807	14.13	12.40
13	2,391,012	27.67	24.29
14	●863,214	9.99	8.77
15	3,398,857	39.33	34.52
小計(3)=¥8,641,566		100	100
16	●580,362	48.23	5.90
17	3,815	0.32	
18	●617,633	51.33	6.27
19	●1,230	0.10	0.01
20	248	0.02	0.00
小計(4)=¥1,203,288		100	
合計=¥9,844,854			100

除算解答 (●印1箇所5点×20箇所)

No	答	%	%
1	3,906	63.65	62.74
2	421	6.86	6.76
3	957	15.59	15.37
4	●173	2.82	2.78
5	680	11.08	10.92
小計(1)=¥6,137		100	100
6	84.9	95.81	1.36
7	0.518	0.58	0.01
8	0.032	0.04	0.00
9	●2.4	2.71	0.04
10	0.765	0.86	0.01
小計(2)=¥88.615		100	
11	139	8.81	2.05
12	●478	30.29	7.03
13	507	32.13	7.46
14	361	22.88	5.31
15	93	5.89	1.37
小計(3)=¥1,578		100	100
16	●2,084	39.95	30.67
17	942	18.06	13.86
18	●856	16.41	12.60
19	625	11.98	9.20
20	710	13.61	10.45
小計(4)=¥5,217		100	
合計=¥6,795			100

見取算解答 (1題10点×10題)

No	答
1	¥ 2,585,291
2	¥ 2,970,909
3	¥ 1,506,509
4	¥ 2,624,715
5	¥ 1,185,160
6	¥ 2,062,008
7	¥ 3,140,775
8	¥ 2,178,376
9	¥ 1,890,018
10	¥ 1,717,830

複合算解答 (1題5点×20題)

No	答
1	94,080
2	63
3	872
4	9,364
5	16,823,399
6	6,944,757,264
7	35,667,950
8	7,822,340,542
9	34,864,363
10	19,639
11	813
12	6,928
13	237,644,160
14	44,831,407
15	24,973,174
16	4,640,000,000
17	7,096
18	8,072,064,645
19	58,731,456
20	560

伝票算解答 (1題10点×10題)

No	答
1	¥ 366,264
2	¥ 266,355
3	¥ 293,751
4	¥ 263,835
5	¥ 348,777
6	¥ 317,970
7	¥ 416,610
8	¥ 301,248
9	¥ 366,138
10	¥ 355,678

※検定試験時の採点箇所は、●印のついた箇所です。
※タブレットなどの電卓で計算した場合、上記の通りにならないことがあります。

第15回

■1種目100点を満点とし、各種目とも得点70点以上を合格とする。
■乗算・除算は解答表の●印のついた箇所(1箇所5点、各20箇所)だけを採点する。

乗算解答 (●印1箇所5点×20箇所)

No.	解答	%	%
1	2,952,013	20.16%	20.15%
2	● 954,080	6.51%	6.51%
3	1,799,688	12.29%	12.28%
4	● 8,189,139	55.92%	55.89%
5	749,760	5.12%	5.12%
小計①=	● 14,644,680	100%	
6	● 0.773	0.01%	0.00%
7	5,845.773	77.57%	0.04%
8	● 5.025	0.07%	0.00%
9	● 0.026	0.00%	0.00%
10	1,684.396	22.35%	0.01%
小計②=	7,535.993	100%	
合計=	14,652,215.993	100%	
11	¥ 1,034,208	8.68%	8.32%
12	¥ 2,848,314	23.92%	22.92%
13	¥ 1,189,929	9.99%	9.58%
14	¥ 6,265,563	52.61%	50.42%
15	¥ 571,116	4.80%	4.60%
小計③=¥	● 11,909,130	100%	
16	¥ ● 10,044	1.94%	0.08%
17	¥ 91	0.02%	0.00%
18	¥ 501,396	96.89%	4.03%
19	¥ 2,646	0.51%	0.02%
20	¥ ● 3,315	0.64%	0.03%
小計④=¥	517,492	100%	
合計=¥	12,426,622	100%	

除算解答 (●印1箇所5点×20箇所)

No.	解答	%	%
1	● 95	4.76%	4.60%
2	793	39.75%	38.42%
3	● 386	19.35%	18.70%
4	270	13.53%	13.08%
5	451	22.61%	21.85%
小計①=	1,995	100%	
6	0.029	0.04%	0.00%
7	0.864	1.25%	0.04%
8	● 0.612	0.88%	0.03%
9	● 13.08	18.88%	0.63%
10	● 54.7	78.95%	2.65%
小計②=	69.285	100%	
合計=	2,064.285	100%	
11	¥ 143	2.52%	1.74%
12	¥ 3,509	61.80%	42.61%
13	¥ 491	8.65%	5.96%
14	¥ ● 928	16.34%	11.27%
15	¥ 607	10.69%	7.37%
小計③=¥	5,678	100%	
16	¥ 510	19.95%	6.19%
17	¥ 362	14.16%	4.40%
18	¥ ● 26	1.02%	0.32%
19	¥ ● 784	30.66%	9.52%
20	¥ 875	34.22%	10.63%
小計④=¥	2,557	100%	
合計=¥	8,235	100%	

複合算解答 (1題5点×20題)

No.	解答
1	14,992
2	92,034,849
3	57,452,665
4	14,653,425
5	559,774,552
6	234,441,930
7	323
8	948
9	8,361
10	295,944
11	6,974
12	8,272
13	24,557,159
14	75,196,419
15	170
16	48,230,522
17	3,813,606,831
18	4,377,110,276
19	7,561
20	6,630,000,000

見取算解答 (1題10点×10題)

No.	解答
1	¥ 2,934,594
2	¥ 2,587,986
3	¥ 1,273,448
4	¥ 1,762,227
5	¥ 917,660
6	¥ 1,894,206
7	¥ 2,828,907
8	¥ 1,788,686
9	¥ 2,203,677
10	¥ 2,029,395

伝票算解答 (1題10点×10題)

No.	解答
1	¥ 401,598
2	¥ 265,365
3	¥ 293,841
4	¥ 332,775
5	¥ 348,714
6	¥ 277,110
7	¥ 417,204
8	¥ 301,347
9	¥ 332,676
10	¥ 355,642

※検定試験時の採点箇所は、●印のついた20箇所です。
※タブスイッチのない電卓で計算した場合、上記のとおりにならないことがあります。

主催　公益社団法人　全国経理教育協会
後援　文部科学省

電卓計算能力検定模擬試験

伝票算解答用紙

採　点　欄

___級　受験番号_____

No.	
1	
2	
3	
4	
5	
6	
7	
8	
9	
10	

主催　公益社団法人　全国経理教育協会
後援　文部科学省

電卓計算能力検定模擬試験

伝票算解答用紙

採　点　欄

___級　受験番号_____

No.	
1	
2	
3	
4	
5	
6	
7	
8	
9	
10	

主催　公益社団法人　全国経理教育協会
後援　文部科学省

電卓計算能力検定模擬試験

伝票算解答用紙

採　点　欄

___級　受験番号_____

No.	
1	
2	
3	
4	
5	
6	
7	
8	
9	
10	

主催　公益社団法人　全国経理教育協会
後援　文部科学省

電卓計算能力検定模擬試験

伝票算解答用紙

採　点　欄

___級　受験番号_____

No.	
1	
2	
3	
4	
5	
6	
7	
8	
9	
10	

電卓計算能力検定模擬試験

伝票算解答用紙

採　点　欄

級　受験番号

No.	
1	
2	
3	
4	
5	
6	
7	
8	
9	
10	

主催　公益社団法人　全国経理教育協会
後援　文部科学省

電卓計算能力検定模擬試験

伝票算解答用紙

採　点　欄

級　受験番号

No.	
1	
2	
3	
4	
5	
6	
7	
8	
9	
10	

電卓計算能力検定模擬試験

伝票算解答用紙

採　点　欄

級　受験番号

No.	
1	
2	
3	
4	
5	
6	
7	
8	
9	
10	

主催　公益社団法人　全国経理教育協会
後援　文部科学省

電卓計算能力検定模擬試験

伝票算解答用紙

採　点　欄

級　受験番号

No.	
1	
2	
3	
4	
5	
6	
7	
8	
9	
10	

主催　公益社団法人　全国経理教育協会
後援　文部科学省

電卓計算能力検定模擬試験
伝票算解答用紙

級　受験番号

採　点　欄

No	
1	
2	
3	
4	
5	
6	
7	
8	
9	
10	

主催　公益社団法人　全国経理教育協会
後援　文部科学省

電卓計算能力検定模擬試験
伝票算解答用紙

級　受験番号

採　点　欄

No	
1	
2	
3	
4	
5	
6	
7	
8	
9	
10	

主催　公益社団法人　全国経理教育協会
後援　文部科学省

電卓計算能力検定模擬試験
伝票算解答用紙

級　受験番号

採　点　欄

No	
1	
2	
3	
4	
5	
6	
7	
8	
9	
10	

主催　公益社団法人　全国経理教育協会
後援　文部科学省

電卓計算能力検定模擬試験
伝票算解答用紙

級　受験番号

採　点　欄

No	
1	
2	
3	
4	
5	
6	
7	
8	
9	
10	

電卓計算能力検定模擬試験
伝票算解答用紙

主催 公益社団法人 全国経理教育協会
後援 文部科学省

級　受験番号

採	点	欄

No.		
1		
2		
3		
4		
5		
6		
7		
8		
9		
10		

電卓計算能力検定模擬試験
伝票算解答用紙

主催 公益社団法人 全国経理教育協会
後援 文部科学省

級　受験番号

採	点	欄

No.		
1		
2		
3		
4		
5		
6		
7		
8		
9		
10		

電卓計算能力検定模擬試験
伝票算解答用紙

主催 公益社団法人 全国経理教育協会
後援 文部科学省

級　受験番号

採	点	欄

No.		
1		
2		
3		
4		
5		
6		
7		
8		
9		
10		

電卓計算能力検定模擬試験
伝票算解答用紙

主催 公益社団法人 全国経理教育協会
後援 文部科学省

級　受験番号

採	点	欄

No.		
1		
2		
3		
4		
5		
6		
7		
8		
9		
10		

主催　公益社団法人　全国経理教育協会　後援　文部科学省

第 15 回電卓計算能力検定模擬試験

３級　複合算問題　(制限時間10分)

(注意) 整数未満の端数が出たときは切り捨てること。ただし、端数処理は１題の解答についてのみ行うのではなく、１計算ごとに行うこと。

【禁無断転載】

No.	
1	$68,135,364 \div 7,601 + 55,897,644 \div 9,273 =$
2	$9,738 \times 9,760 - 2,873 \times 1,047 =$
3	$8,397 \times 6,843 - 77,826,326 \div 9,721 =$
4	$30,481,731 \div 9,487 + 9,613 \times 1,524 =$
5	$(26,547 - 683) \times (1,328 + 20,315) =$
6	$(387.351 + 5,482.649) \times (40,765 - 826) =$
7	$(748.253 \div 0.0965) \div (20.601 \div 0.826) =$
8	$(26,608,906 + 53,481,926) \div (85,214 - 730) =$
9	$(884,101,266 - 174,603,528) \div (85,210 - 352) =$
10	$(94.654 \div 0.0729) \times (67.305 \div 0.295) =$
11	$(109,745,825 + 411,790,817) \div (75,391 - 608) =$
12	$(452,493,972 - 160,723,988) \div (35,740 - 468) =$
13	$5,318 \times 4,620 - 69,233,769 \div 5,769 =$
14	$9,235 \times 8,142 + 44,395,857 \div 8,793 =$
15	$(624.983 \times 295.074) \div (356.149 \div 0.3289) =$
16	$43,758,792 \div 8,316 + 9,782 \times 4,930 =$
17	$(57,410 - 923) \times (68,027 - 514) =$
18	$(14,860 + 35,784) \times (50,142 + 36,287) =$
19	$763.549 \div 0.0375 - 9,294.086 \div 0.7261 =$
20	$(62,379 + 22,621) \times (14,058 \div 63,942) =$

採点欄

受験番号

No.	(1)	(2)	(3)	(4)	(5)
1	¥ 8,259	¥ 2,430	¥ 6,251	¥ 372	¥ 703,891
2	265,408	4,138	734	69,587	-6,580
3	31,478	491,076	-203,687	7,195	-96,350
4	78,362	73,152	170,946	143,690	5,634
5	134	83,257	59,460	28,036	394
6	46,910	9,568	-37,940	405	-712
7	279	260,981	-582	1,246	-41,937
8	53,061	642,801	-42,308	304,781	510,428
9	9,517	704	725,019	510,923	178,205
10	602,894	17,925	-8,675	76,852	-81,247
11	687	695	-196	814	29,078
12	4,705	58,649	81,439	432,078	67,953
13	890,321	905,473	-97,328	5,729	126
14	925,043	317	4,513	86,159	-354,069
15	17,536	36,820	615,802	94,360	2,846
計					

No.	(6)	(7)	(8)	(9)	(10)
1	¥ 594	¥ 25,147	¥ 7,819	¥ 9,186	¥ 19,048
2	102,568	369,408	13,280	75,623	8,526
3	237	7,293	486,071	508,491	781,064
4	753	51,380	59,428	257	-65,213
5	45,620	975	-697	64,803	-2,438
6	650,173	870,632	836,901	561	-497,305
7	9,834	6,159	524	82,197	-912
8	9,485	12,046	-21,367	953,048	25,679
9	92,316	562	4,735	1,470	841
10	8,471	603,781	-302,894	47,329	970,356
11	517,906	8,490	-95,103	298,605	-794
12	267,089	46,915	365	732	-53,207
13	34,128	238	67,250	34,016	6,839
14	73,092	731,054	740,916	6,375	802,751
15	81,940	94,827	-8,542	120,984	34,160
計					

第15回電卓計算能力検定模擬試験

3級 除算問題 (制限時間10分)

【禁無断転載】

(注意) 無名数で小数第3位未満の端数が出たとき、名数で円位未満の端数が出たとき、パーセントの小数第2位未満の端数が出たときは四捨五入すること。

No.			採点欄 %	%
1	646,475 ÷ 6,805 =		%	%
2	333,060 ÷ 420 =		%	%
3	220,792 ÷ 572 =		%	%
4	246,510 ÷ 913 =		%	%
5	88,847 ÷ 197 =		%	%
	No.1～No.5 小 計 ①			100
6	0.09889 ÷ 3.41 =		%	%
7	0.059643 ÷ 0.069 =		%	%
8	145.656 ÷ 238 =		%	%
9	96.792 ÷ 7.4 =		%	%
10	46.8232 ÷ 0.856 =		%	%
	No.6～No.10 小 計 ②			100
	(小計 ① + ②) 合 計			
11	¥ 35,178 ÷ 246 =		%	%
12	¥ 284,229 ÷ 81 =		%	%
13	¥ 148,282 ÷ 302 =		%	%
14	¥ 869,536 ÷ 937 =		%	%
15	¥ 357,523 ÷ 589 =		%	%
	No.11～No.15 小 計 ③			100
16	¥ 8,823 ÷ 17.3 =		%	%
17	¥ 34 ÷ 0.094 =		%	%
18	¥ 10,439 ÷ 401.5 =		%	%
19	¥ 490 ÷ 0.625 =		%	%
20	¥ 672 ÷ 0.768 =		%	%
	No.16～No.20 小 計 ④			100
	(小計 ③ + ④) 合 計			

受験番号

（注意）無名数で小数第3位未満の端数が出たとき、名数で円位未満の端数が出たとき、パーセントの小数第2位未満の端数が出たときは四捨五入すること。

No.			%	%
1	643 × 4,591 =			
2	3,560 × 268 =			
3	4,812 × 374 =			
4	8,297 × 987 =			
5	1,056 × 710 =			
No.1～No.5 小計①			100 %	100 %
6	6.184 × 0.125 =			
7	704.31 × 8.3 =			
8	0.9375 × 5.36 =			
9	0.5209 × 0.049 =			
10	27.98 × 60.2 =			
No.6～No.10 小計②			100 %	
(小計①+②) 合計				
11	¥ 5,472 × 189 =			%
12	¥ 39,018 × 73 =			%
13	¥ 2,347 × 507 =			%
14	¥ 6,803 × 921 =			%
15	¥ 1,569 × 364 =			%
No.11～No.15 小計③			100 %	
16	¥ 4,650 × 2.16 =			%
17	¥ 971 × 0.0942 =			%
18	¥ 7,896 × 63.5 =			%
19	¥ 3,024 × 0.875 =			%
20	¥ 8,125 × 0.408 =			%
No.16～No.20 小計④			100 %	
(小計③+④) 合計				100 %

主催 公益社団法人 全国経理教育協会　後援 文部科学省

第14回 電卓計算能力検定模擬試験

3 級　複合算問題　(制限時間10分)

(注意) 整数未満の端数が出たときは切り捨てること。ただし、端数処理は1題
の解答についてのみ行うのではなく、1計算ごとに行うこと。

採点欄

受験番号

【禁無断転載】

No.	
1	(98.671 ÷ 0.0839) × (37.848 ÷ 0.469) =
2	(742.583 ÷ 0.0973) ÷ (86.546 ÷ 0.714) =
3	145.863 ÷ 0.0509 − 1,907.329 ÷ 0.9568 =
4	(856,495,019 − 354,837,447) ÷ (53,867 − 294) =
5	5,462 × 3,081 − 47,392,005 ÷ 9,435 =
6	(21,534 + 67,890) × (59,034 + 18,627) =
7	7,938 × 5,140 − 4,058 × 1,265 =
8	(96,407 − 2,854) × (87,635 − 4,021) =
9	8,350 × 4,176 − 38,680,482 ÷ 7,386 =
10	33,085,236 ÷ 7,246 + 75,922,701 ÷ 5,037 =
11	(13,383,619 + 50,689,724) ÷ (79,041 − 230) =
12	(534,979,164 + 105,389,732) ÷ (92,806 − 374) =
13	(215.642 + 6,024.358) × (38,704 − 620) =
14	(98,130 − 475) × (2,163 + 80,496) =
15	3,047 × 8,195 + 26,458,137 ÷ 8,793 =
16	(49,268 + 14,732) × (10,759 + 61,741) =
17	(664,496,555 − 230,164,587) ÷ (61,590 − 382) =
18	65,241,031 ÷ 8,293 + 6,180 × 7,253 =
19	76,094,396 ÷ 7,958 + 9,823 ÷ 5,978 =
20	(469.075 × 936.751) ÷ (782.452 ÷ 0.9972) =

3　級　見取算問題　(制限時間10分)

受験番号

採点欄

No.	(1)	(2)	(3)	(4)	(5)
1	¥ 15,932	¥ 78,903	¥ 21,439	¥ 16,953	¥ 24,059
2	9,576	89,275	750,892	1,528	-18,743
3	307,648	264	-5,761	207,641	765,012
4	24,365	1,623	-310	362	7,160
5	598,401	32,017	438,207	524,890	-846
6	397	6,549	3,518	47,839	8,614
7	62,904	798,340	-84,906	91,725	6,491
8	470,819	14,852	-263,051	523	-379,286
9	750	451,680	675	39,704	680,934
10	6,128	960,538	-97,384	5,417	-49,308
11	941,835	23,709	-76,094	830	74,068
12	51,062	5,126	802,645	8,719	63,105
13	7,283	507,168	-4,156	680,251	258
14	4,520	471	19,872	932	102,537
15	83,671	394	923	952,476	-53,970
計					

No.	(6)	(7)	(8)	(9)	(10)
1	¥ 476	¥ 324	¥ 860,432	¥ 512,046	¥ 8,549
2	14,759	23,760	964	7,698	374,205
3	236,057	930,276	758,213	810	13,452
4	670,921	7,842	43,051	65,903	495,068
5	92,586	54,089	1,675	180,794	-26,187
6	348	413	19,502	8,239	-109,324
7	5,407	806,537	-408,791	94,872	7,930
8	962	14,679	-74,368	461	-31,456
9	28,341	9,165	845	276,350	872
10	7,104	385,701	6,293	53,718	980,327
11	48,593	42,918	27,906	9,574	-693
12	1,735	246	-589	31,409	-52,861
13	503,819	61,052	981,037	605,382	516
14	361,280	8,590	-35,624	125	67,140
15	89,620	795,183	-2,170	-9,708	42,637
計					

主催 公益社団法人 全国経理教育協会　後援 文部科学省

第14回電卓計算能力検定模擬試験

3 級　除 算 問 題　(制限時間10分)

(注意) 無名数で小数第3位未満の端数が出たとき、名数で円位未満の端数が出たとき、パーセントの小数第2位未満の端数が出たときは四捨五入すること。

【禁無断転載】

採点欄

受験番号

No.					%	%
1	367,164	÷	94	=		%
2	82,516	÷	196	=		%
3	461,274	÷	482	=		%
4	60,550	÷	350	=		%
5	184,280	÷	271	=		%
No.1～No.5 小 計 ①					100	
6	54.0813	÷	0.637	=		%
7	0.022289	÷	0.043	=		%
8	0.23296	÷	7.28	=		%
9	134.616	÷	56.09	=		%
10	623.475	÷	815	=		%
No.6～No.10 小 計 ②					100	
(小計 ① + ②) 合 計						100
11	¥ 75,199	÷	541	=		%
12	¥ 460,314	÷	963	=		%
13	¥ 454,779	÷	897	=		%
14	¥ 85,918	÷	238	=		%
15	¥ 567,486	÷	6,102	=		%
No.11～No.15 小 計 ③					100	
16	¥ 9,378	÷	4.5	=		%
17	¥ 81	÷	0.086	=		%
18	¥ 321	÷	0.375	=		%
19	¥ 440	÷	0.704	=		%
20	¥ 9,159	÷	12.9	=		%
No.16～No.20 小 計 ④						%
(小計 ③ + ④) 合 計						100

主催　公益社団法人　全国経理教育協会　　後援　文部科学省

第14回電卓計算能力検定模擬試験

3 級　乗　算　問　題　（制限時間10分）

（注意）無名数で小数第3位未満の端数が出たとき、名数で
円位未満の端数が出たとき、パーセントの小数第2
位未満の端数が出たときは四捨五入すること。

受験番号

採　点　欄

No.				
1	93,108	×	38	= ____ %
2	7,640	×	967	= ____ %
3	2,379	×	524	= ____ %
4	3,521	×	690	= ____ %
5	6,854	×	731	= ____ %
No.1～No.5 小			計 ①	100 %
6	0.0917	×	0.809	= ____ %
7	56.02	×	45.3	= ____ %
8	84.96	×	0.075	= ____ %
9	0.125	×	241.6	= ____ %
10	478.3	×	1.82	= ____ %
No.6～No.10 小			計 ②	100 %
(小計 ①＋②) 合			計	100 %
11	¥ 5,187	×	148	= ____ %
12	¥ 469	×	2,603	= ____ %
13	¥ 3,042	×	786	= ____ %
14	¥ 2,706	×	319	= ____ %
15	¥ 8,351	×	407	= ____ %
No.11～No.15 小			計 ③	100 %
16	¥ 9,820	×	59.1	= ____ %
17	¥ 4,375	×	0.872	= ____ %
18	¥ 65,014	×	9.5	= ____ %
19	¥ 1,968	×	0.625	= ____ %
20	¥ 7,293	×	0.034	= ____ %
No.16～No.20 小			計 ④	100 %
(小計 ③＋④) 合			計	100 %

主催 公益社団法人 全国経理教育協会　後援 文部科学省

第 13 回 電 卓 計 算 能 力 検 定 模 擬 試 験

3 級　複 合 算 問 題　(制限時間10分)

(注意) 整数未満の端数が出たときは切り捨てること。ただし、端数処理は1題
の解答について行うのではなく、1計算ごとに行うこと。

No.	
1	$7,290 \times 6,458 - 1,058 \times 3,492 =$
2	$19,334,799 \div 3,971 + 28,299,186 \div 2,958 =$
3	$1,875 \times 9,648 - 28,959,147 \div 9,261 =$
4	$(65,248 + 30,197) \times (74,605 + 21,844) =$
5	$635.841 \div 0.0679 - 3,064.501 \div 0.8259 =$
6	$(576,439,808 - 128,069,435) \div (67,310 - 419) =$
7	$(80.741 \div 0.0539) \times (98.429 \div 0.175) =$
8	$9,683 \times 5,270 + 32,924,216 \div 6,428 =$
9	$(462.357 + 8,234.643) \times (43,985 - 126) =$
10	$(560.379 \div 0.0219) \div (85.603 \div 0.359) =$
11	$23,665,736 \div 5,912 + 3,189 \times 7,395 =$
12	$(23,806 + 70,194) \times (44,638 + 20,362) =$
13	$3,840 \times 6,935 - 11,530,424 \div 7,963 =$
14	$42,513,507 \div 8,573 + 6,102 \times 5,470 =$
15	$(95,143 - 7,280) \times (70,512 - 8,973) =$
16	$302,147,865 + 427,274,544 \div (89,054 - 607) =$
17	$(156.284 \times 983.746) \div (901.857 \div 0.5481) =$
18	$(54,728,124 + 14,734,172) \div (87,920 - 436) =$
19	$80,632 - 257) \times (5,023 + 90,384) =$
20	$(719,693,812 - 472,381,406) \div (52,061 - 847) =$

採 点 欄

受験番号

3　級　見　取　算　問　題 （制限時間10分）

第 13 回電卓計算能力検定模擬試験

採　点　欄

受験番号

No.	(1)	(2)	(3)	(4)	(5)
1	¥ 94,152	¥ 3,806	¥ 69,701	¥ 31,082	¥ 48,327
2	30,428	41,058	7,963	8,134	-61,359
3	3,791	608,529	412,075	647,250	-5,923
4	839	478	150,482	5,163	506,794
5	526,097	84,230	319	791	-157,286
6	267	14,093	4,037	420,719	814,605
7	84,073	2,617	-75,629	59,301	-296
8	7,145	-928	-546,198	2,697	9,172
9	48,650	736,245	-23,857	78,365	380,761
10	653,982	936	34,862	936	865
11	634	657	908,574	92,578	1,908
12	5,741	59,812	20,741	803,524	-410
13	201,389	7,961	-1,306	284,906	24,873
14	769,510	395,184	85,243	16,840	72,034
15	12,806	970,325	-610	475	-93,540
計					

No.	(6)	(7)	(8)	(9)	(10)
1	¥ 5,769	¥ 843,069	¥ 12,093	¥ 59,764	¥ 94,053
2	6,351	7,520	906,785	968,025	2,517
3	9,862	62,798	-416	381	873,902
4	210	185,907	24,958	47,506	-598
5	591,423	94,682	5,627	791,685	-31,679
6	46,528	379	350,841	5,178	-6,130
7	12,709	1,945	-87,239	29,340	45,812
8	87,254	409,156	-9,764	6,423	325
9	815	53,412	298	870,159	-109,467
10	938,047	831	68,013	34,907	-23,786
11	398	71,250	175	2,748	685,294
12	74,901	210,574	-540,361	412	-8,420
13	67,130	6,837	-78,602	12,530	57,049
14	203,486	463	3,924	603,291	136
15	350,674	38,026	431,570	863	760,841
計					

主催　公益社団法人　全国経理教育協会　　後援　文部科学省

第13回電卓計算能力検定模擬試験

3 級　除　算　問　題　(制限時間10分)

(注意) 無名数で小数第3位未満の端数が出たとき、名数で円位未満の端数が出たとき、パーセントの小数第2位未満の端数が出たときは四捨五入すること。

【禁無断転載】

採点欄

No.					%	%
1	313,453	÷	6,397	=		%
2	419,730	÷	510	=		%
3	591,379	÷	809	=		%
4	96,560	÷	142	=		%
5	155,358	÷	274	=		%
No. 1～No.5 小 計 ①					100 %	
6	11.3918	÷	0.721	=		%
7	459.27	÷	486	=		%
8	0.025469	÷	0.065	=		%
9	7.6532	÷	3.8	=		%
10	0.72428	÷	9.53	=		%
No.6～No.10 小 計 ②					100 %	
(小計 ① + ②) 合 計						100 %
11	¥ 265,824	÷	78	=		%
12	¥ 95,418	÷	589	=		%
13	¥ 116,053	÷	413	=		%
14	¥ 239,486	÷	302	=		%
15	¥ 508,369	÷	961	=		%
No.11～No.15 小 計 ③					100 %	
16	¥ 6,138	÷	170.5	=		%
17	¥ 3,753	÷	8.34	=		%
18	¥ 29	÷	0.047	=		%
19	¥ 259	÷	0.296	=		%
20	¥ 565	÷	0.625	=		%
No.16～No.20 小 計 ④					100 %	
(小計 ③ + ④) 合 計						100 %

受験番号

第13回電卓計算能力検定模擬試験

3級　乗算問題　（制限時間10分）

（注意）無名数は小数第3位未満の端数が出たとき、名数で
円位未満の端数が出たとき、パーセントの小数第2
位未満の端数が出たときは四捨五入すること。

受験番号

採点欄	

No.			
1	543	×	4,102 =
2	7,129	×	240 =
3	6,758	×	579 =
4	8,650	×	953 =
5	1,304	×	681 =

No.1〜No.5 小　計 ①

6	0.4375	×	89.6 =
7	208.91	×	3.4 =
8	0.0647	×	0.738 =
9	92.16	×	0.025 =
10	398.2	×	1.67 =

No.6〜No.10 小　計 ②

（小計 ① + ②）合　計

11	¥ 9,471	×	586 =
12	¥ 4,052	×	214 =
13	¥ 7,649	×	963 =
14	¥ 35,106	×	42 =
15	¥ 1,283	×	709 =

No.11〜No.15 小　計 ③

16	¥ 3,807	×	0.097 =
17	¥ 5,394	×	14.5 =
18	¥ 690	×	603.1 =
19	¥ 8,125	×	0.328 =
20	¥ 2,768	×	0.875 =

No.16〜No.20 小　計 ④

（小計 ③ + ④）合　計

3級　複合算問題　(制限時間10分)

(注意) 整数未満の端数が出たときは切り捨てること。ただし、端数処理は1題
の解答について行うのではなく、1計算ごとに行うこと。

【禁無断転載】

No.	
1	$(51,809,347 + 16,862,984) \div (84,519 - 670) =$
2	$(963.082 \div 0.0751) \div (98.216 \div 0.5024) =$
3	$523.801 \div 0.0395 - 3,516.902 \div 0.3548 =$
4	$(705,300,662 - 167,092,394) \div (73,680 - 534) =$
5	$7,283 \times 9,145 - 67,130,805 \div 8,601 =$
6	$(39,861 + 60,129) \times (70,854 + 26,138) =$
7	$4,829 \times 9,576 - 2,608 \times 3,571 =$
8	$(81,265 - 5,308) \times (94,568 - 2,915) =$
9	$4,520 \times 7,916 - 35,675,768 \div 5,942 =$
10	$34,731,360 \div 8,672 + 56,507,031 \div 6,953 =$
11	$(29.234 \div 0.0828) \times (47.582 \div 0.926) =$
12	$(151,515,794 + 468,701,291) \div (68,724 - 169) =$
13	$(241.653 + 6,983.347) \times (83,149 - 476) =$
14	$(59,807 - 270) \times (1,825 + 75,302) =$
15	$8,495 \times 2,763 + 15,403,227 \div 4,809 =$
16	$(26,918 + 55,482) \times (27,453 + 35,047) =$
17	$11,311,089 \div 3,207 + 9,340 \times 7,615 =$
18	$68,599,968 \div 7,629 + 3,057 \times 8,230 =$
19	$(697,130,286 - 427,737,370) \div (57,641 - 103) =$
20	$943.725 \div 482.503) \div (485.163 \div 0.9327) =$

採　点　欄

受験番号

主催　公益社団法人　全国経理教育協会　　後援　文部科学省

第12回電卓計算能力検定模擬試験

3 級　見取算問題　（制限時間10分）

受験番号

採	点	欄

No.	(1)	(2)	(3)	(4)	(5)
1	¥ 321	¥ 789	¥ 7,436	¥ 5,132	¥ 7,109
2	190	942	40,928	382	704,265
3	27,084	206,154	-823	86,405	354
4	9,628	681,275	-632,741	643	587
5	610,537	37,092	975,064	103,978	-83,912
6	584,763	893,047	-301,452	2,579	-59,608
7	73,940	2,403	-9,170	71,435	1,827
8	239	693	-28,395	529,067	-429
9	802,176	46,158	85,204	450,816	65,431
10	47,562	79,538	-561	924	-29,036
11	154,306	15,807	-16,580	37,160	341,650
12	31,875	4,361	178	4,856	-6,798
13	6,298	8,726	3,697	218,097	98,746
14	8,459	960,215	54,319	68,749	-130,582
15	95,014	53,410	768,902	93,201	412,073
計					

No.	(6)	(7)	(8)	(9)	(10)
1	¥ 592,047	¥ 794,806	¥ 965	¥ 41,097	¥ 513
2	28,037	53,621	57,140	643	7,095
3	609,148	2,458	802,569	506,314	-84,720
4	81,372	471,230	4,875	97,185	-136,289
5	950,716	8,502	123	731	-674
6	32,401	195	148,309	8,429	52,108
7	459	69,084	2,537	352,760	1,762
8	764,821	207,961	-36,041	4,927	615,984
9	7,268	378	-5,498	18,059	-46,350
10	390	86,713	427,610	3,815	-9,842
11	43,705	5,847	69,203	682,904	23,976
12	932	10,396	-876	268	304,219
13	6,583	924,053	91,782	75,632	407
14	5,617	31,579	-213,954	830,146	-78,531
15	15,896	624	-70,638	29,570	960,358
計					

主催 公益社団法人 全国経理教育協会　後援 文部科学省

第12回電卓計算能力検定模擬試験

３級　除　算　問　題　(制限時間10分)

(注意) 無名数で小数第３位未満の端数が出たとき、名数で
円位未満の端数が出たとき、パーセントの小数第２
位未満の端数が出たときは四捨五入すること。

【禁無断転載】

採点欄

受験番号

No.						%	%
1	88,502	÷	34	=			%
2	658,800	÷	720	=			%
3	147,477	÷	451	=			%
4	97,020	÷	693	=			%
5	474,734	÷	806	=			%
No.1〜No.5 小計①					100 %		
6	0.21266	÷	2.17	=			%
7	77.658	÷	18.49	=			%
8	3.67548	÷	0.562	=			%
9	0.025769	÷	0.035	=			%
10	851.838	÷	978	=			%
No.6〜No.10 小計②					100 %		
(小計①+②) 合計						100 %	100 %
11	¥ 158,184	÷	507	=			%
12	¥ 442,596	÷	924	=			%
13	¥ 365,348	÷	613	=			%
14	¥ 257,733	÷	4,091	=			%
15	¥ 57,486	÷	286	=			%
No.11〜No.15 小計③					100 %		
16	¥ 12,540	÷	13.2	=			%
17	¥ 41	÷	0.049	=			%
18	¥ 60,214	÷	8.5	=			%
19	¥ 243	÷	0.375	=			%
20	¥ 96	÷	0.768	=			%
No.16〜No.20 小計④					100 %		
(小計③+④) 合計						100 %	100 %

主催　公益社団法人　全国経理教育協会　　後援　文部科学省

第 12 回電卓計算能力検定模擬試験

3 級　乗　算　問　題 （制限時間10分）

（注意）無名数で小数第 3 位未満の端数が出たとき、名数で
円位未満の端数が出たとき、パーセントの小数第 2
位未満の端数が出たとき四捨五入すること。

採　点　欄

受験番号

No.						
1	60,438	×	89	=		%
2	4,526	×	580	=		%
3	2,391	×	734	=		%
4	7,650	×	642	=		%
5	8,719	×	951	=		%
No.1～No.5	小　計 ①				100	%
6	19.84	×	0.075	=		%
7	0.9403	×	0.416	=		%
8	0.0625	×	3.28	=		%
9	5.17	×	109.3	=		%
10	37.82	×	26.7	=		%
No.6～No.10	小　計 ②				100	%
(小計 ① + ②)	合　計				100	%
11	¥ 7,014	×	983	=		%
12	¥ 2,436	×	402	=		%
13	¥ 5,261	×	347	=		%
14	¥ 853	×	5,076	=		%
15	¥ 4,907	×	718	=		%
No.11～No.15	小　計 ③				100	%
16	¥ 1,875	×	0.864	=		%
17	¥ 43,910	×	2.1	=		%
18	¥ 3,869	×	0.039	=		%
19	¥ 9,208	×	69.5	=		%
20	¥ 6,752	×	0.125	=		%
No.16～No.20	小　計 ④				100	%
(小計 ③ + ④)	合　計				100	%

主催　公益社団法人　全国経理教育協会　　後援　文部科学省

第11回電卓計算能力検定模擬試験

3級　複合算問題　（制限時間10分）

（注意）整数未満の端数が出たときは切り捨てること。ただし、端数処理は1題
の解答について行うのではなく、1計算ごとに行うこと。

No.	
1	$60,114,176 \div 5,816 + 9,062 \times 8,347 =$
2	$49,432,851 \div 7,813 + 58,897,944 \div 5,971 =$
3	$(730,511,416 - 380,724,960) \div (40,875 - 817) =$
4	$(30,536,041 + 47,140,635) \div (86,250 - 703) =$
5	$(153,706,239 + 425,965,902) \div (84,295 - 612) =$
6	$(29,835 - 3,019) \times (78,909 - 4,213) =$
7	$(984.713 \div 0.0853) \div (68.347 \div 0.2675) =$
8	$66,098,428 \div 7,382 + 7,914 \times 3,560 =$
9	$(52,760 - 9,014) \times (1,790 + 78,356) =$
10	$9,835 \times 6,941 - 59,679,039 \div 9,879 =$
11	$(8,179.463 + 204.537) \times (68,403 - 2,198) =$
12	$(19.649 \div 0.0909) \times (28.759 \div 0.586) =$
13	$2,907 \times 5,748 + 22,613,778 \div 6,941 =$
14	$4,230 \times 8,657 - 11,956,696 \div 5,864 =$
15	$(381,068,192 - 156,374,028) \div (27,416 - 390) =$
16	$985.234 \div 0.0845 - 2,002.057 \div 0.9814 =$
17	$7,648 \times 6,390 - 3,258 \times 1,465 =$
18	$(50,874 + 14,926) \times (35,912 + 49,088) =$
19	$(468.217 \times 830.451 \div 427.341 \div 0.5179) =$
20	$(80,512 + 2,674) \times (92,043 + 1,362) =$

採点欄

受験番号

採　点　欄

採点欄

受験番号

No.	(1)	(2)	(3)	(4)	(5)
1	¥209	¥7,621	¥67,095	¥840,571	¥805,764
2	58,721	79,083	405,186	902	-182,350
3	90,814	342,705	698	62,794	530
4	940	98,240	-21,349	53,012	-63,592
5	6,435	81,594	-8,203	4,263	79,418
6	47,568	52,437	-523	204,317	-7,826
7	302,156	104,786	3,974	5,706	48,127
8	542	802	137	859	920,647
9	271,683	5,362	-19,680	91,523	-294,015
10	84,297	613,947	-982,714	128,639	-471
11	725,039	430,158	597,210	718,097	54,136
12	639,701	360	72,436	76,850	259
13	3,815	6,879	-30,751	7,146	1,073
14	8,976	29,156	856,042	368	-36,908
15	7,103	915	-4,865		9,683
計	14,360				

No.	(6)	(7)	(8)	(9)	(10)
1	¥309,215	¥65,428	¥52,016	¥215,436	¥902
2	963	836,701	-3,167	705	-64,379
3	46,827	3,219	679,845	83,947	-109,653
4	1,754	21,584	2,783	1,820	3,047
5	538,076	942,036	760,935	568	46,980
6	581	57,960	1,754	628,793	978,165
7	62,490	408,735	1,457	74,289	1,493
8	73,204	142	594	2,307	-82,714
9	12,398	75,309	407,261	9,514	517,032
10	4,067	6,851	-15,023	167,390	428
11	638	293	-872	40,825	-5,860
12	984,652	390,467	34,529	659	-735
13	25,941	850	241,980	31,042	-28,541
14	850,179	19,678	618	506,471	750,126
15	7,103	4,127	98,304	98,163	36,289
計					

主催　公益社団法人　全国経理教育協会　後援　文部科学省

第11回電卓計算能力検定模擬試験

３級　除算問題　(制限時間10分)

(注意)　無名数で小数第３位未満の端数が出たとき、名数で円位未満の端数が出たとき、パーセントの小数第２位未満の端数が出たときは四捨五入すること。

【禁無断転載】

受験番号 ＿＿＿＿＿

採点欄

No.						
1	555,758	÷	5,671	=	%	%
2	91,080	÷	345	=	%	%
3	77,792	÷	416	=	%	%
4	312,780	÷	780	=	%	%
5	489,190	÷	923	=	%	%
	No.1〜No.5 小 計 ①				100 %	100 %
6	12.6087	÷	15.9	=	%	%
7	2.125	÷	0.68	=	%	%
8	132.894	÷	207	=	%	%
9	0.082316	÷	0.094	=	%	%
10	0.49088	÷	8.32	=	%	%
	No.6〜No.10 小 計 ②				100 %	100 %
	(小計 ① + ②) 合 計				100 %	
11	¥ 119,886	÷	58	=	%	%
12	¥ 29,746	÷	214	=	%	%
13	¥ 286,296	÷	302	=	%	%
14	¥ 407,281	÷	701	=	%	%
15	¥ 319,317	÷	489	=	%	%
	No.11〜No.15 小 計 ③				100 %	100 %
16	¥ 515	÷	0.625	=	%	%
17	¥ 9,457	÷	19.3	=	%	%
18	¥ 13,816	÷	863.5	=	%	%
19	¥ 33	÷	0.047	=	%	%
20	¥ 366	÷	0.976	=	%	%
	No.16〜No.20 小 計 ④				100 %	100 %
	(小計 ③ + ④) 合 計				100 %	

第 11 回電卓計算能力検定模擬試験

3 級　乗　算　問　題　（制限時間10分）

採点欄

受験番号

（注意）無名数で小数第3位未満の端数が出たとき、名数で円位未満の端数が出たとき、パーセントの小数第2位未満の端数が出たときは四捨五入すること。

No.	問題	%
1	6,087 × 190 =	％
2	8,520 × 981 =	％
3	3,541 × 652 =	％
4	7,913 × 834 =	％
5	496 × 7,243 =	％
No.1～No.5 小 計①		100 ％
6	57.632 × 0.25 =	％
7	0.9248 × 0.079 =	％
8	0.0375 × 5.68 =	％
9	18.09 × 30.6 =	％
10	216.4 × 4.17 =	％
No.6～No.10 小 計②		100 ％
(小計①+②) 合 計		100 ％
11	¥ 6,847 × 510 =	％
12	¥ 82,153 × 61 =	％
13	¥ 3,406 × 267 =	％
14	¥ 9,018 × 429 =	％
15	¥ 5,972 × 783 =	％
No.11～No.15 小 計③		100 ％
16	¥ 6,384 × 0.875 =	％
17	¥ 295 × 140.2 =	％
18	¥ 1,079 × 0.058 =	％
19	¥ 7,130 × 39.4 =	％
20	¥ 4,625 × 0.936 =	％
No.16～No.20 小 計④		100 ％
(小計③+④) 合 計		100 ％

主催 公益社団法人 全国経理教育協会　後援 文部科学省

第10回電卓計算能力検定模擬試験

3級　複合算問題　(制限時間10分)

(注意) 整数未満の端数が出たときは切り捨てること。ただし、端数処理は1題の解答について行うのではなく、1計算ごとに行うこと。

採点欄

受験番号

【禁無断転載】

No.	
1	$33,625,980 \div 8,396 + 1,527 \times 9,380 =$
2	$7,952 \times 2,839 + 64,849,568 \div 4,321 =$
3	$(986.458 \times 803.249) \div (318.706 \div 0.4259) =$
4	$8,164 \times 9,046 - 1,865 \times 2,917 =$
5	$(134.084 \div 0.0125) \div (49.129 \div 0.1696) =$
6	$9,568 \times 5,472 - 32,007,861 \div 6,243 =$
7	$496.823 \div 0.0751 - 798.503 \div 0.1428 =$
8	$(68,475 - 5,912) \times (6,827 + 52,631) =$
9	$(24,318,527 + 41,527,848) \div (76,095 - 842) =$
10	$55,034,401 \div 6,427 + 54,210 \times 7,536 =$
11	$(20.851 \div 0.0954) \times (86.753 \div 0.394) =$
12	$(6,523.816 + 397.184) \times (90,271 - 8,195) =$
13	$(13,572 - 1,680) \times (25,439 - 4,083) =$
14	$27,057,627 \div 8,703 + 41,226,768 \div 6,732 =$
15	$(68,413 + 17,587) \times (58,132 + 14,368) =$
16	$(81,079 + 6,041) \times (80,324 + 2,065) =$
17	$4,105 \times 7,380 - 41,809,446 \div 5,267 =$
18	$(723,534,400 - 461,729,508) \div (32,654 - 970) =$
19	$534,452,756 - 342,108,593 \div (20,350 - 769) =$
20	$(381,267,049 + 232,553,135) \div (84,502 - 394) =$

3　級　見取算問題 (制限時間10分)

第 10 回 電 卓 計 算 能 力 検 定 模 擬 試 験

採点欄　　受験番号

No.	(1)	(2)	(3)	(4)	(5)
1	¥ 526,301	¥ 423,961	¥ 6,259	¥ 23,705	¥ 631,902
2	407,182	912,530	51,084	4,927	-825
3	1,278	293	-47,130	645,093	43,569
4	214	197,245	709,312	196	789,346
5	84,790	89,032	-798	597,860	-7,680
6	10,486	31,026	-91,672	618	28,570
7	357	8,374	-374,520	-305,124	16,289
8	73,928	206,718	-24,897	28,570	-50,167
9	5,603	54,781	581	2,074	954
10	942,051	3,607	-8,765	75,402	453
11	259,137	594	-182,643	468,321	-97,238
12	67,549	65,809	963	80,345	2,791
13	9,836	4,875	3,406	7,631	90,365
14	695	156	60,415	853	-6,417
15	38,064	70,468	835,029	901,587	861,092
計					

No.	(6)	(7)	(8)	(9)	(10)
1	¥ 287	¥ 8,453	¥ 50,726	¥ 37,258	¥ 29,506
2	264,701	236	-951	168,342	734,628
3	8,675	71,608	783,402	476	6,430
4	523,041	354,267	12,384	94,065	-814
5	9,207	10,782	3,918	6,179	-405,792
6	463	582	145	85,460	-67,083
7	80,934	9,024	-64,290	204,597	841,639
8	1,724	27,649	971,362	731	-3,104
9	45,819	598,170	5,746	1,305	942
10	602,135	43,791	-21,054	628,014	-18,275
11	36,950	806,975	-308,169	53,692	-2,517
12	157,382	319	685	2,938	90,365
13	79,843	4,863	49,873	827	387,159
14	596	65,140	896,037	419,503	721
15	91,068	932,015	-7,520	70,981	56,980
計					

主催 公益社団法人 全国経理教育協会　後援 文部科学省

第10回電卓計算能力検定模擬試験

３級　除算問題 (制限時間10分)

(注意) 無名数で小数第３位未満の端数が出たとき、名数で円位未満の端数が出たとき、パーセントの小数第２位未満の端数が出たときは四捨五入すること。

【禁無断転載】

採点欄

受験番号

No.					
1	124,154	÷	23	=	%
2	766,160	÷	785	=	%
3	66,360	÷	316	=	%
4	362,230	÷	890	=	%
5	569,530	÷	674	=	%
No.1～No.5 小 計 ①					100 %
6	0.33538	÷	4.09	=	%
7	49.452	÷	126.8	=	%
8	2.4087	÷	0.037	=	%
9	0.088904	÷	0.541	=	%
10	688.296	÷	952	=	%
No.6～No.10 小 計 ②					100 %
(小計 ① + ②) 合 計					100 %
11	¥ 468,138	÷	519	=	%
12	¥ 109,021	÷	187	=	%
13	¥ 88,374	÷	206	=	%
14	¥ 40,468	÷	302	=	%
15	¥ 502,031	÷	7,493	=	%
No.11～No.15 小 計 ③					100 %
16	¥ 43,920	÷	4.8	=	%
17	¥ 155	÷	0.625	=	%
18	¥ 54	÷	0.071	=	%
19	¥ 324	÷	0.864	=	%
20	¥ 75,361	÷	93.5	=	%
No.16～No.20 小 計 ④					100 %
(小計 ③ + ④) 合 計					100 %

第10回電卓計算能力検定模擬試験

3級　乗算問題　(制限時間10分)

受験番号

| | 採 | 点 | 欄 |

(注意)　無名数で小数第3位未満の端数が出たとき、名数で円位未満の端数が出たとき、パーセントの小数第2位未満の端数が出たときは四捨五入すること。

No.			
1	4,509	×	169	=		%
2	9,260	×	482	=		%
3	1,783	×	276	=		%
4	3,421	×	930	=		%
5	26,857	×	53	=		%

| No.1～No.5　小　計 ① | | | 100 % |

6	6.48	×	745.1	=		%
7	0.7014	×	0.097	=		%
8	593.6	×	3.18	=		%
9	81.92	×	0.625	=		%
10	0.0375	×	80.4	=		%

| No.6～No.10　小　計 ② | | | 100 % |

| (小計 ① + ②)　合　計 | | | 100 % |

11	¥	4,307	×	210	=		%
12	¥	5,718	×	791	=		%
13	¥	2,069	×	683	=		%
14	¥	982	×	3,457	=		%
15	¥	6,134	×	906	=		%

| No.11～No.15　小　計 ③ | | | 100 % |

16	¥	9,456	×	0.875	=		%
17	¥	8,673	×	0.029	=		%
18	¥	7,240	×	13.4	=		%
19	¥	10,895	×	4.2	=		%
20	¥	3,125	×	0.568	=		%

| No.16～No.20　小　計 ④ | | | 100 % |

| (小計 ③ + ④)　合　計 | | | 100 % |

主催 公益社団法人 全国経理教育協会　　後援 文部科学省

第 9 回 電卓計算能力検定模擬試験

3 級　複合算問題　(制限時間10分)

(注意) 整数未満の端数が出たときは切り捨てること。ただし、端数処理は1題の解答について行うのではなく、1計算ごとに行うこと。

【禁無断転載】

No.		採　点　欄
1	$22,349,668 \div 7,381 + 94,602 \times 8,013 =$	
2	$(384,237,614 - 140,395,862) \div (39,516 - 420) =$	
3	$(785,496,238 - 485,488,593) \div (36,482 - 915) =$	
4	$57,905,376 \div 7,692 + 6,274 \times 8,530 =$	
5	$(474,569,736 + 247,385,610) \div (81,790 - 296) =$	
6	$(10,579 - 4,825) \times (48,537 - 1,122) =$	
7	$3,472 \times 8,197 - 26,098,987 \div 6,481 =$	
8	$8,130 \times 9,241 - 40,822,158 \div 4,659 =$	
9	$(69,120 - 538) \times (7,408 + 71,965) =$	
10	$(16,937,459 + 63,131,725) \div (83,960 - 728) =$	
11	$(7,140.257 + 386.743) \times (50,314 - 924) =$	
12	$25.821 \div 0.0284) \times (90.845 \div 0.312) =$	
13	$(968.543 \div 0.0358) \div (17.023 \div 0.2896) =$	
14	$6,087 \times 5,490 + 11,828,231 \div 5,923 =$	
15	$86,224,512 \div 9,834 + 23,184,939 \div 5,431 =$	
16	$505.361 \div 0.0627 - 65.753 \div 0.7289 =$	
17	$5,473 \times 8,296 - 1,095 \times 3,257 =$	
18	$(44,194 + 27,806) \times (55,346 + 39,154) =$	
19	$(936.425 \times 130.939 \div (826.471 \div 0.6538) =$	
20	$(20,365 + 1,239) \times (71,509 \div 1,027) =$	

受験番号

No.	(1)	(2)	(3)	(4)	(5)
1	¥ 560,714	¥ 92,465	¥ 750,214	¥ 178	¥ 985,316
2	81,039	603,758	6,798	30,894	-2,954
3	42,690	276,830	2,345	-628
4	257	740,183	-592	69,250	137,205
5	6,873	126	-19,370	907,568	1,275
6	619,325	5,802	-94,806	795,240	803,567
7	478	35,079	-32,086	963	-48,301
8	70,543	10,943	-723	3,874	-57,069
9	154,962	8,647	-8,534	256,719	24,631
10	3,180	469,831	547,819	41,026	-76,140
11	304,159	931	26,901	4,938	69,483
12	97,206	719	-403,625	731	784
13	5,368	3,481	65,147	520,417	-390,472
14	827	4,592	871,260	18,605	892
15	28,491	51,620	953	83,162	9,150
計					

No.	(6)	(7)	(8)	(9)	(10)
1	¥ 657,830	¥ 831	¥ 34,607	¥ 39,850	486,759
2	827	91,408	123	8,125	612
3	48,032	720,356	-63,019	53,479	8,534
4	6,218	2,543	526,980	402,761	-139,260
5	571,394	64,217	9,754	283	-94,075
6	351	5,970	150,296	74,906	-387
7	29,740	496	42,853	980,574	23,509
8	14,209	173,289	672	653	802,916
9	2,469	87,601	71,584	1,348	51,843
10	90,145	309,524	-5,410	26,197	-7,692
11	5,673	763	913,768	867,032	-68,125
12	83,925	58,142	89,042	4,620	310,467
13	796	216,890	7,831	315	-4,308
14	360,581	9,365	-208,369	10,849	271
15	406,184	45,078	-475	695,217	75,490
計					

主催　公益社団法人　全国経理教育協会　後援　文部科学省

第9回電卓計算能力検定模擬試験

3 級　除　算　問　題　(制限時間10分)

(注意) 無名数で小数第3位未満の端数が出たとき、名数で
円位未満の端数が出たとき、パーセントの小数第2
位未満の端数が出たときは四捨五入すること。

【禁無断転載】

No.				採点欄			
1	36,648	÷	24	=		%	%
2	481,650	÷	845	=		%	%
3	329,784	÷	906	=		%	%
4	134,318	÷	478	=		%	%
5	251,430	÷	510	=		%	%
No.1〜No.5 小 計 ①					100 %	100 %	
6	2.81848	÷	0.392	=		%	%
7	0.07106	÷	1.87	=		%	%
8	0.031928	÷	0.053	=		%	%
9	59.6926	÷	63.1	=		%	%
10	61,786.5	÷	7,269	=		%	%
No.6〜No.10 小 計 ②					100 %	100 %	
(小計 ① + ②) 合 計					100 %	100 %	
11	¥ 90,688	÷	832	=		%	%
12	¥ 384,552	÷	504	=		%	%
13	¥ 549,933	÷	789	=		%	%
14	¥ 273,141	÷	341	=		%	%
15	¥ 92,232	÷	2,196	=		%	%
No.11〜No.15 小 計 ③					100 %	100 %	
16	¥ 55,328	÷	9.5	=		%	%
17	¥ 153	÷	0.408	=		%	%
18	¥ 3,841	÷	16.7	=		%	%
19	¥ 67	÷	0.073	=		%	%
20	¥ 285	÷	0.625	=		%	%
No.16〜No.20 小 計 ④					100 %	100 %	
(小計 ③ + ④) 合 計					100 %	100 %	

受験番号

第 9 回電卓計算能力検定模擬試験

3 級　乗　算　問　題　(制限時間10分)

（注意）無名数で小数第3位未満の端数が出たとき、名数で
円位未満の端数が出たとき、パーセントの小数第2
位未満の端数が出たときは四捨五入すること。

採点欄

受験番号

No.					%		%
1	2,958	×	342	=			
2	3,061	×	503	=			
3	4,890	×	271	=			
4	743	×	4,956	=			
5	5,716	×	780	=			
No.1〜No.5 小　計 ①							100 %
6	0.9127	×	0.618	=			
7	65.84	×	13.9	=			
8	826.09	×	9.7	=			
9	0.0375	×	8.64	=			
10	14.32	×	0.025	=			
No.6〜No.10 小　計 ②							100 %
小計 ① + ② 合　計							100 %
11	¥ 8,407	×	532	=			
12	¥ 9,831	×	708	=			
13	¥ 2,056	×	419	=			
14	¥ 15,749	×	67	=			
15	¥ 6,283	×	321	=			
No.11〜No.15 小　計 ③							100 %
16	¥ 504	×	269.5	=			
17	¥ 1,968	×	0.043	=			
18	¥ 4,670	×	10.6	=			
19	¥ 3,125	×	0.984	=			
20	¥ 7,392	×	0.875	=			
No.16〜No.20 小計 ④							100 %
小計 ③ + ④ 合　計							100 %

主催 公益社団法人 全国経理教育協会　後援 文部科学省

第 8 回 電卓計算能力検定模擬試験

3 級　複 合 算 題　(制限時間10分)

(注意) 整数未満の端数が出たときは切り捨てること。ただし、端数処理は1題
の解答について行うのではなく、1計算ごとに行うこと。

No.	
1	(46,981,753 + 27,278,455) ÷ (89,250 - 634) =
2	(325.649 ÷ 0.0681) ÷ (53.629 ÷ 0.2409) =
3	(123,870,034 + 678,524,039) ÷ (87,201 - 390) =
4	(640,178,736 - 254,386,170) ÷ (54,623 - 809) =
5	(19,524 + 1,039) × (68,451 + 2,195) =
6	5,732 × 9,580 + 34,190,195 ÷ 8,623 =
7	(941.721 × 353.936) ÷ (419.708 ÷ 0.5793) =
8	(83,295 - 1,404) × (65,972 - 418) =
9	7,640 × 3,298 - 54,347,106 ÷ 7,942 =
10	25,706,959 ÷ 4,937 + 31,324,339 ÷ 2,537 =
11	(83.096 ÷ 0.0124) × (46.368 ÷ 0.907) =
12	391.679 ÷ 0.0712 - 17.634 ÷ 0.7801 =
13	(3,021.562 + 584.438) × (74,350 - 692) =
14	7,938 × 8,465 - 2,495 × 1,806 =
15	(21,048 + 56,952) × (70,974 + 13,526) =
16	9,207 × 8,356 - 14,076,153 ÷ 4,381 =
17	38,421,361 ÷ 7,643 + 9,482 × 5,178 =
18	(52,460 - 7,183) × (4,567 + 79,324) =
19	(697,483,895 - 435,726,217) ÷ (29,167 - 320) =
20	47,096,457 ÷ 9,501 + 94,826 × 9,135 =

【禁無断転載】

採　点　欄

受験番号

受験番号

採　点　欄

No.	(1)	(2)	(3)	(4)	(5)
1	¥ 214	¥ 504,318	¥ 743,295	¥ 9,268	¥ 12,807
2	81,597	48,075	-95,036	607,852	420,975
3	67,342	26,530	-704	324	2,496
4	290,156	9,714	671	513	-54,038
5	106,725	862	-8,613	730,146	-231,750
6	73,086	31,687	69,452	58,670	-78,690
7	5,179	982,431	-1,590	7,408	7,689
8	43,681	890,526	-27,108	83,519	418
9	8,470	5,946	-306,587	269,450	-6,924
10	952,043	7,894	-429	25,713	605,731
11	524,813	70,953	51,368	41,902	349,106
12	609	127	780,231	12,069	83,245
13	9,268	154,279	9,842	531	
14	347	63,201	14,976	4,397	-98,367
15	38,950	360	832,054	396,184	-152
計					

No.	(6)	(7)	(8)	(9)	(10)
1	¥ 453	¥ 6,732	¥ 357	¥ 96,524	¥ 85,403
2	29,863	34,065	19,635	762,153	-9,184
3	53,167	508,913	542,869	43,586	-27,961
4	5,428	97,541	-401	329,805	817
5	42,517	429	-81,670	5,731	36,248
6	318,049	8,970	493,087	468	970,635
7	6,109	419,382	2,348	18,903	-580
8	74,052	21,803	972	612	-157,326
9	90,674	794	-7,160	50,287	-43,092
10	941	60,527	-68,514	9,160	501,274
11	607,298	153,468	-250,983	82,395	4,763
12	187,395	256	8,731	637,014	-349
13	1,730	75,610	36,204	1,947	60,598
14	863,520	3,178	905,126	204,879	718,620
15	286	842,096	74,295	740	2,951
計					

主催 公益社団法人 全国経理教育協会　後援 文部科学省

第 8 回 電 卓 計 算 能 力 検 定 模 擬 試 験

3 級　除 算 問 題　(制限時間10分)

(注意) 無名数で小数第3位未満の端数が出たとき、名数で円位未満の端数が出たとき、パーセントの小数第2位未満の端数が出たときは四捨五入すること。

【禁無断転載】

採点欄

受験番号

No.				%	%
1	459,543	÷	79 =		%
2	85,728	÷	564 =		%
3	751,338	÷	801 =		%
4	51,480	÷	130 =		%
5	102,240	÷	426 =		%
No.1～No.5 小 計 ①				100 %	
6	5.6658	÷	0.6745 =		%
7	179.685	÷	297 =		%
8	448.863	÷	95.3 =		%
9	0.062551	÷	0.082 =		%
10	0.09222	÷	3.18 =		%
No.6～No.10 小 計 ②				100 %	
(小計 ① + ②) 合 計					100 %
11	¥ 185,666	÷	386 =		%
12	¥ 77,826	÷	714 =		%
13	¥ 78,128	÷	257 =		%
14	¥ 511,530	÷	590 =		%
15	¥ 40,964	÷	1,463 =		%
No.11～No.15 小 計 ③				100 %	
16	¥ 1,500	÷	0.48 =		%
17	¥ 89,337	÷	92.1 =		%
18	¥ 27	÷	0.039 =		%
19	¥ 469	÷	0.875 =		%
20	¥ 44,849	÷	60.2 =		%
No.16～No.20 小 計 ④				100 %	
(小計 ③ + ④) 合 計					100 %

第 8 回 電 卓 計 算 能 力 検 定 模 擬 試 験

主催 公益社団法人 全国経理教育協会　後援 文部科学省

3 級　乗 算 問 題 （制限時間10分）

（注意）無名数で小数第3位未満の端数が出たとき、名数で
　　　　円位未満の端数が出たとき、パーセントの小数第2
　　　　位未満の端数が出たときは四捨五入すること。

受験番号 ［　　　］
採点欄 ［　　　］

No					%
1	5,240	×	893	=	%
2	8,672	×	480	=	%
3	9,581	×	352	=	%
4	43,057	×	67	=	%
5	1,936	×	901	=	%
No.1～No.5 小		計 ①			100 %
6	27.08	×	17.9	=	%
7	0.7463	×	0.034	=	%
8	689.4	×	0.765	=	%
9	3.19	×	241.6	=	%
10	0.0125	×	5.28	=	%
No.6～No.10 小		計 ②			100 %
(小計 ①+②) 合		計			100 %
11	¥ 904	×	5,837	=	%
12	¥ 6,413	×	963	=	%
13	¥ 8,721	×	704	=	%
14	¥ 5,867	×	146	=	%
15	¥ 2,039	×	218	=	%
No.11～No.15 小		計 ③			100 %
16	¥ 4,580	×	30.9	=	%
17	¥ 9,375	×	0.072	=	%
18	¥ 10,692	×	8.5	=	%
19	¥ 3,248	×	0.625	=	%
20	¥ 7,156	×	0.491	=	%
No.16～No.20 小		計 ④			100 %
(小計 ③+④) 合		計			100 %

主催　公益社団法人　全国経理教育協会　後援　文部科学省

第７回電卓計算能力検定模擬試験

３級　複合算問題　(制限時間10分)

(注意)　整数未満の端数が出たときは切り捨てること。ただし、端数処理は１題
の解答について行うのではなく、１計算ごとに行うこと。

受験番号

採　点　欄

No.	
1	$(96,824 - 5,178) \times (1,243 + 70,392) =$
2	$(172,881,802 + 391,284,703) \div (71,384 - 375) =$
3	$(718,428,990 - 526,987,134) \div (23,086 - 750) =$
4	$25,147,773 \div 3,591 + 9,305 \times 6,248 =$
5	$77,804,408 \div 9,416 + 59,001,525 \div 6,921 =$
6	$(445,008,596 - 106,532,480) \div (42,657 - 813) =$
7	$4,182 \times 7,053 + 13,398,872 \div 8,746 =$
8	$9,267 \times 8,402 - 47,956,403 \div 9,361 =$
9	$(2,863.191 + 705.809) \times (89,650 - 168) =$
10	$(52,011,886 + 27,648,950) \div (85,620 - 147) =$
11	$325.287 \times 491.647) \div (461.978 \div 0.2849) =$
12	$95.051 \div 0.0329) \times (74.089 \div 0.654) =$
13	$(360.749 \div 0.0928) \div (10.854 \div 0.4675) =$
14	$(69,128 + 1,045) \times (61,271 + 309) =$
15	$(68,725 - 2,304) \times (34,359 - 586) =$
16	$830.639 \div 0.0152 - 98.251 \div 0.4604 =$
17	$8,470 \times 6,395 - 2,086 \times 4,130 =$
18	$8,495 \times 4,267 - 35,615,728 \div 5,932 =$
19	$58,631,823 \div 8,961 + 60,532 \times 9,847 =$
20	$(13,804 + 68,696) \times (52,647 + 25,353) =$

主催 公益社団法人 全国経理教育協会　後援 文部科学省

第7回電卓計算能力検定模擬試験

3級 見取算問題 （制限時間10分）

受験番号 ｜ 採点欄

No.	(1)	(2)	(3)	(4)	(5)
	¥	¥	¥	¥	¥
1	5,604	987	452	7,936	46,290
2	654,091	95,380	1,026	586,102	5,463
3	902,718	57,064	806,371	65,018	359
4	76,825	-31,845	-498,130	14,720	-128
5	18,570	401,879	356,291	70,542	-61,058
6	367,850	320,759	-189,263	3,751	-308,615
7	4,936	7,846	-607	6,027	-2,834
8	531,462	4,236	-20,518	238,160	24,561
9	974	85,421	67,095	945	137,945
10	20,583	172	-5,942	684	719,804
11	197	213	-723	2,639	-789
12	213	18,493	74,186	809,273	50,972
13	47,301	72,610	53,904	854	873,406
14	89,642	6,531	8,679	91,407	-92,137
15	3,289	649,508	942,357		
計	263,095	942,357			

No.	(6)	(7)	(8)	(9)	(10)
	¥	¥	¥	¥	¥
1	82,540	621	73,210	96,043	1,784
2	3,615	38,170	-6,029	716	-82,935
3	18,709	2,435	138	327,950	-507,896
4	246	405,917	829,574	9,482	679
5	607,498	61,784	-30,457	137	-36,102
6	9,621	978,256	3,162	82,065	190,358
7	78,132	19,308	52,673	263,194	49,560
8	20,357	583	948	40,589	-2,814
9	6,183	20,136	-281,596	5,274	-64,273
10	94,276	3,649	-48,705	79,803	-431
11	795	912	5,064	107,628	758,920
12	804	756,490	67,941	351	5,647
13	453,061	85,024	194,380	618,572	23,401
14	531,029	4,762	-815	51,430	917,085
15	345,987	597,803	907,236	4,869	326
計					

主催 公益社団法人 全国経理教育協会　　後援 文部科学省

第７回電卓計算能力検定模擬試験

３級　除算問題　(制限時間10分)

(注意) 無名数で小数第３位未満の端数が出たとき、名数で円位未満の端数が出たとき、パーセントの小数第２位未満の端数が出たときは四捨五入すること。

【禁無断転載】

採点欄

No.				採点欄	
1	211,120	÷	812	=	%	%
2	59,032	÷	376	=	%	%
3	97,185	÷	285	=	%	%
4	318,549	÷	6,501	=	%	%
5	735,080	÷	940	=	%	%
No.1〜No.5 小 計 ①				100 %	
6	46.1274	÷	72.3	=	%	%
7	0.086843	÷	0.097	=	%	%
8	0.11972	÷	1.64	=	%	%
9	5.33948	÷	0.58	=	%	%
10	225.646	÷	439	=	%	%
No.6〜No.10 小 計 ②				100 %	
(小計 ① + ②) 合 計				100 %	100 %
11	¥ 148,204	÷	469	=	%	%
12	¥ 304,874	÷	38	=	%	%
13	¥ 91,778	÷	842	=	%	%
14	¥ 584,241	÷	903	=	%	%
15	¥ 324,328	÷	571	=	%	%
No.11〜No.15 小 計 ③				100 %	
16	¥ 595	÷	0.625	=	%	%
17	¥ 9,331	÷	21.7	=	%	%
18	¥ 3,348	÷	139.5	=	%	%
19	¥ 68	÷	0.086	=	%	%
20	¥ 616	÷	0.704	=	%	%
No.16〜No.20 小 計 ④				100 %	
(小計 ③ + ④) 合 計				100 %	100 %

受験番号

主催　公益社団法人　全国経理教育協会　　後援　文部科学省

第 7 回 電卓計算能力検定模擬試験

3 級　乗　算　問　題　（制限時間10分）

（注意）無名数で小数第 3 位未満の端数が出たとき、名数で円位未満の端数が出たとき、パーセントの小数第 2 位未満の端数が出たときは四捨五入すること。

受験番号　　　　　　採　点　欄

No.				%
1	859	×	2,438	=	
2	9,406	×	791	=	
3	3,578	×	974	=	
4	6,123	×	580	=	
5	7,210	×	163	=	
No.1～No.5 小 計 ①				100 %
6	48.75	×	0.052	=	
7	53.41	×	81.9	=	
8	180.97	×	4.6	=	
9	0.2964	×	0.307	=	
10	0.0632	×	6.25	=	
No.6～No.10 小 計 ②				100 %
(小計①＋②) 合 計				100 %
11	¥ 4,957	×	201	=	
12	¥ 50,879	×	69	=	
13	¥ 6,013	×	732	=	
14	¥ 8,236	×	504	=	
15	¥ 7,642	×	893	=	
No.11～No.15 小 計 ③				100 %
16	¥ 1,568	×	0.375	=	
17	¥ 3,125	×	0.416	=	
18	¥ 9,381	×	0.027	=	
19	¥ 2,490	×	14.8	=	
20	¥ 704	×	968.5	=	
No.16～No.20 小 計 ④				100 %
(小計③＋④) 合 計				100 %

主催 公益社団法人 全国経理教育協会 後援 文部科学省

第６回電卓計算能力検定模擬試験

３級 複合算問題 （制限時間10分）

(注意) 整数未満の端数が出たときは切り捨てること。ただし、端数処理は１題の解答について行うのではなく、１計算ごとに行うこと。

【禁無断転載】

No.	
1	$9,472 \times 5,308 - 14,613,888 \div 7,296 =$
2	$8,043 \times 2,157 - 41,177,659 \div 4,987 =$
3	$(89,752 - 1,648) \times (1,207 + 96,735) =$
4	$11,659,463 \div 5,821 + 91,235 \times 4,062 =$
5	$(25,364 + 49,636) \times (63,142 + 18,858) =$
6	$(73,456 + 6,084) \times (57,684 + 395) =$
7	$(94,630 - 4,857) \times (25,798 - 124) =$
8	$(5,614.971 + 851.029) \times (64,783 - 596) =$
9	$4,628 \times 8,390 + 24,841,531 \div 5,863 =$
10	$7,936 \times 9,760 - 7,126 \times 3,008 =$
11	$(20.531 \div 0.0961) \times (91.063 \div 0.259) =$
12	$208.345 \times 624.536 \div (152.951 \div 0.8049) =$
13	$471,067,958 - 228,036,762 \div (36,572 - 610) =$
14	$67,823,184 \div 7,953 + 54,006,144 \div 8,273 =$
15	$3,127 \times 78,395 + 79,958,125 \div 9,841 =$
16	$(172.509 \div 0.0899) \div (5.967 \div 0.7564) =$
17	$(51,867,145 + 17,232,443) \div (82,310 - 632) =$
18	$(258,770,727 + 431,629,705) \div (86,710 - 237) =$
19	$(633,532,730 - 357,825,942) \div (31,426 - 870) =$
20	$358.219 \div 0.0364 - 40.529 \div 0.7381 =$

受験番号

主催　公益社団法人　全国経理教育協会　　後援　文部科学省

3 級　見取算問題 (制限時間10分)

第 6 回 電卓計算能力検定模擬試験

受験番号

採点欄

No.	(1)	(2)	(3)	(4)	(5)
1	¥ 23,610	¥ 56,943	¥ 598	¥ 531,208	¥ 142
2	51,839	2,851	208,954	829,357	-108,736
3	571	7,561	-9,753	46,091	650,217
4	6,348	405,276	72,165	5,674	593,870
5	689,027	270,419	-190,672	74,832	-5,467
6	795	18,620	7,186	426	71,459
7	807,412	358	-58,709	2,380	-24,905
8	1,506	983	2,380	914	3,621
9	263	64,790	-69,240	250,168	47,581
10	92,830	83,017	-415,036	17,593	86,034
11	45,789	629	-328	169	-32,098
12	12,964	349,802	612	67,051	-896
13	374,092	91,572	943,801	93,407	9,513
14	760,145	4,135	4,375	306,849	962,304
15	8,453	736,084	31,024	8,725	-782
計					

No.	(6)	(7)	(8)	(9)	(10)
1	¥ 972	¥ 423,018	¥ 419,065	¥ 1,453	¥ 83,279
2	25,907	759	341	80,971	302,568
3	92,673	4,327	76,802	548	-26,814
4	531	18,690	8,936	378,604	-8,156
5	2,786	847,506	603,547	56,230	237
6	3,184	5,967	94,350	462	167,925
7	730,695	63,285	125,763	132,089	-9,103
8	61,023	2,136	-32,079	67,912	74,058
9	7,846	39,708	-981	910,723	-492
10	508,364	580,374	6,528	3,896	-690,871
11	851	891	-240,839	24,158	-57,380
12	46,018	96,140	51,478	705,364	1,432
13	15,409	623	197	9,687	45,091
14	354,219	25,419	-7,254	47,501	645
15	879,420	71,542	-82,610	295	934,706
計					

主催　公益社団法人　全国経理教育協会　　後援　文部科学省

第 6 回電卓計算能力検定模擬試験

3 級　除　算　問　題　(制限時間10分)

(注意) 無名数で小数第3位未満の端数が出たとき、名数で円位未満の端数が出たとき、パーセントの小数第2位未満の端数が出たときは四捨五入すること。

【禁無断転載】

No.				%	%
1	333,480	÷	420 =	%	%
2	250,250	÷	715 =	%	%
3	391,594	÷	674 =	%	%
4	94,272	÷	5,892 =	%	%
5	145,376	÷	308 =	%	%
No.1~No.5 小計 ①				100 %	
6	36.305	÷	137 =	%	%
7	0.057046	÷	0.069 =	%	%
8	0.09594	÷	2.46 =	%	%
9	61.1493	÷	0.951 =	%	%
10	75.5964	÷	8.3 =	%	%
No.6~No.10 小計 ②				100 %	
(小計 ① + ②) 合計					100 %
11	¥ 114,367	÷	281 =	%	%
12	¥ 493,584	÷	904 =	%	%
13	¥ 469,674	÷	538 =	%	%
14	¥ 64,608	÷	32 =	%	%
15	¥ 54,096	÷	147 =	%	%
No.11~No.15 小計 ③				100 %	
16	¥ 13,734	÷	76.3 =	%	%
17	¥ 27	÷	0.029 =	%	%
18	¥ 45,177	÷	610.5 =	%	%
19	¥ 518	÷	0.875 =	%	%
20	¥ 310	÷	0.496 =	%	%
No.16~No.20 小計 ④				100 %	
(小計 ③ + ④) 合計					100 %

主催　公益社団法人　全国経理教育協会　　後援　文部科学省

第 6 回 電卓計算能力検定模擬試験

3 級　乗　算　問　題　（制限時間10分）

（注意）無名数で小数第3位未満の端数が出たとき、名数で
円位未満の端数が出たとき、パーセントの小数第2
位未満の端数が出たときは四捨五入すること。

受験番号

採　点　欄

No.				%		
1	359	×	9,672	=		%
2	7,451	×	850	=		%
3	9,607	×	417	=		%
4	8,243	×	346	=		%
5	6,810	×	291	=		%
No.1～No.5	小	計	①		100	%
6	0.0375	×	5.04	=		%
7	130.94	×	6.3	=		%
8	21.86	×	73.8	=		%
9	0.4962	×	0.089	=		%
10	5.728	×	0.125	=		%
No.6～No.10	小	計	②		100	%
(小計 ① + ②)		合	計		100	%
11	¥ 80,531	×	52	=		%
12	¥ 2,957	×	406	=		%
13	¥ 1,789	×	301	=		%
14	¥ 6,204	×	948	=		%
15	¥ 4,863	×	137	=		%
No.11～No.15	小	計	③		100	%
16	¥ 5,392	×	0.875	=		%
17	¥ 9,140	×	62.9	=		%
18	¥ 476	×	216.5	=		%
19	¥ 7,018	×	0.093	=		%
20	¥ 3,625	×	0.784	=		%
No.16～No.20	小	計	④		100	%
(小計 ③ + ④)		合	計		100	%

主催 公益社団法人 全国経理教育協会　後援 文部科学省

第 5 回 電卓計算能力検定模擬試験

3 級　複 合 算 問 題　(制限時間10分)

(注意) 整数未満の端数が出たときは切り捨てること。ただし、端数処理は1題
の解答について行うのではなく、1計算ごとに行うこと。

No.	
1	$8,657 \times 3,920 - 3,298 \times 1,305 =$
2	$(746,803,892 - 573,096,264) \div (29,350 - 864) =$
3	$(13.257 \div 0.0679) \times (75.635 \div 0.169) =$
4	$9,542 \times 7,093 - 16,932,936 \div 8,264 =$
5	$(59,993 - 7,025) \times (98,761 - 3,057) =$
6	$(301,972,880 + 195,428,036) \div (57,432 - 469) =$
7	$(64,983 + 7,251) \times (39,612 + 287) =$
8	$(57,304,230 + 18,534,724) \div (81,274 - 680) =$
9	$25,233,241 \div 4,789 + 72,914 \times 6,850 =$
10	$2,368 \times 9,145 + 96,252,767 \div 2,951 =$
11	$(683.529 \times 849.615) \div (157.523 \div 0.9523) =$
12	$(894,761,111 - 496,328,062) \div (54,903 - 746) =$
13	$(36,174 + 38,326) \times (29,508 + 38,492) =$
14	$4,825 \times 8,370 - 33,955,380 \div 4,815 =$
15	$53,684,085 \div 7,631 + 45,888,766 \div 3,682 =$
16	$185.046 \div 0.0947 - 68.129 \div 0.7431 =$
17	$(4,638.008 + 207.992) \times (19,485 - 246) =$
18	$7,096 \times 54,287 + 46,328,781 \div 5,743 =$
19	$(96,054 - 6,123) \times (80,197 \div 5,248) =$
20	$(173.629 \div 0.0248) \div (6.059 \div 0.9238) =$

受験番号

採 点 欄

受験番号

採点欄

【禁無断転載】

No.	(1)	(2)	(3)	(4)	(5)
1	¥ 67,021	¥ 25,780	¥ 362,910	¥ 761	¥ 193
2	746,182	328	-96,283	293,405	-178,340
3	4,803	126	20,546	30,652	-6,091
4	30,419	983,015	-8,401	64,870	731,908
5	938	608,913	139	8,127	-468
6	89,407	57,931	-635,729	47,903	-25,984
7	2,675	2,634	9,158	49,670	-54,716
8	548,390	847	703,692	85,216	-307,254
9	586	74,891	-12,504	574	-58,074
10	15,723	34,562	-315	1,439	67,529
11	3,276	6,743	-4,867	129,386	80,632
12	641	9,075	47,860	507,163	3,821
13	521,394	10,472	10,472	2,845	2,457
14	208,965	465,209	247	389	910,265
15	97,150	891,650	871,935	71,094	835
計					

No.	(6)	(7)	(8)	(9)	(10)
1	¥ 954	¥ 870,925	¥ 64,273	¥ 28,634	¥ 68,391
2	40,692	67,382	-9,320	851	-4,023
3	168,590	471	730,492	603,942	-16,930
4	587,342	14,820	865	5,168	675
5	93,614	9,567	-47,081	419,706	742,801
6	829	581,739	1,867	82,017	9,213
7	5,073	25,064	-278,546	197,580	-370,548
8	29,160	902,173	90,125	74,025	-51,467
9	1,437	38,954	314,609	6,932	-258
10	802,146	801	-83,950	31,759	495,072
11	4,751	6,340	-784	274	-84,106
12	657,208	793,516	56,319	50,493	3,529
13	73,825	238	251	1,567	908,615
14	309	45,692	102,436	948,623	736
15	36,781	1,046	5,798	308	27,984
計					

主催　公益社団法人　全国経理教育協会　後援　文部科学省

第5回電卓計算能力検定模擬試験

3級　除算問題　(制限時間10分)

(注意) 無名数で小数第3位未満の端数が出たとき、名数で円位未満の端数が出たとき、パーセントの小数第2位未満の端数が出たときは四捨五入すること。

【禁無断転載】

受験番号

採点欄

No.				採点欄	
1	396,116	÷	658	=	%	%
2	59,160	÷	174	=	%	%
3	506,933	÷	521	=	%	%
4	794,325	÷	9,345	=	%	%
5	138,840	÷	890	=	%	%
No.1〜No.5 小 計 ①				100 %	
6	2,959.74	÷	406	=	%	%
7	0.04806	÷	2.67	=	%	%
8	9.1744	÷	3.2	=	%	%
9	0.383773	÷	0.719	=	%	%
10	4.0753	÷	0.083	=	%	%
No.6〜No.10 小 計 ②				100 %	
(小計 ① + ②) 合 計				100 %	100 %
11	¥ 418,782	÷	59	=	%	%
12	¥ 338,143	÷	703	=	%	%
13	¥ 429,216	÷	816	=	%	%
14	¥ 49,063	÷	301	=	%	%
15	¥ 118,783	÷	497	=	%	%
No.11〜No.15 小 計 ③				100 %	
16	¥ 63	÷	0.072	=	%	%
17	¥ 7,707	÷	183.5	=	%	%
18	¥ 306	÷	0.964	=	%	%
19	¥ 565	÷	0.625	=	%	%
20	¥ 1,612	÷	2.48	=	%	%
No.16〜No.20 小 計 ④				100 %	
(小計 ③ + ④) 合 計				100 %	100 %

主催　公益社団法人　全国経理教育協会　　後援　文部科学省

第 5 回 電 卓 計 算 能 力 検 定 模 擬 試 験

3 級　乗 算 問 題　（制限時間10分）

（注意）無名数で小数第 3 位未満の端数が出たとき、名数で
　　　　円位未満の端数が出たとき、パーセントの小数第 2
　　　　位未満の端数が出たときは四捨五入すること。

受験番号 □

採　点　欄 □

No.				%	%
1	27,610	×	49 =		
2	3,457	×	120 =		
3	6,971	×	916 =		
4	5,892	×	608 =		
5	¥ 9,068	×	357 =		
No.1～No.5 小計①			計①	100 %	100 %
6	70.9	×	54.31 =	%	%
7	0.8243	×	0.293 =	%	%
8	0.0384	×	8.75 =	%	%
9	15.36	×	78.2 =	%	%
10	4.125	×	0.064 =	%	%
No.6～No.10 小計②			計②	100 %	
小計 (①＋②)			合 計	100 %	
11	¥ 1,783	×	401 =	%	%
12	¥ 2,956	×	743 =	%	%
13	¥ 5,019	×	269 =	%	%
14	¥ 3,204	×	518 =	%	%
15	¥ 647	×	8,937 =	%	%
No.11～No.15 小計③			計③	100 %	100 %
16	¥ 16,832	×	9.5 =	%	%
17	¥ 7,291	×	0.386 =	%	%
18	¥ 8,560	×	10.4 =	%	%
19	¥ 4,375	×	0.072 =	%	%
20	¥ 9,408	×	0.625 =	%	%
No.16～No.20 小計④			計④	100 %	100 %
小計 (③＋④)			合 計		

採 点 欄

主催 公益社団法人 全国経理教育協会 後援 文部科学省

第 4 回 電 卓 計 算 能 力 検 定 模 擬 試 験

3 級 複 合 算 問 題 （制限時間10分）

(注意) 整数未満の端数が出たときは切り捨てること。ただし、端数処理は1題の解答についてのみ行うのではなく、1計算ごとに行うこと。

受験番号 _____

【禁無断転載】

No.	
1	$7,064 \times 9,138 - 27,824,048 \div 3,976 =$
2	$(12,405,986 + 52,212,493) \div (76,823 - 170) =$
3	$(81,734 - 1,569) \times (39,021 + 2,541) =$
4	$62,778,637 \div 6,953 + 63,845 \times 4,793 =$
5	$(687,193,497 - 189,260,745) \div (63,790 - 472) =$
6	$5,962 \times 7,809 + 31,214,952 \div 6,238 =$
7	$57,384,756 \div 8,164 + 47,774,436 \div 7,932 =$
8	$(1,369.813 + 532.187) \times (27,568 - 635) =$
9	$(89,375 + 6,140) \times (91,264 + 7,855) =$
10	$9,478 \times 7,035 - 1,424 \times 2,087 =$
11	$(325.871 \div 0.0751) \div (8.501 \div 0.2467) =$
12	$(705.824 \times 964.531) \div (135.679 \div 0.9438) =$
13	$(216,904,850 + 479,297,816) \div (76,510 - 389) =$
14	$(32,295 - 3,642) \times (82,403 - 1,980) =$
15	$9,753 \times 2,087 - 57,097,135 \div 9,461 =$
16	$(25.649 \div 0.0984) \times (24.309 \div 0.569) =$
17	$3,820 \times 85,416 + 49,270,637 \div 8,753 =$
18	$(443,057,672 - 138,562,970) \div (34,702 - 516) =$
19	$(47,048 + 36,952) \times (13,096 + 56,404) =$
20	$199.469 \div 0.0258 - 56.098 \div 0.8254 =$

受験番号

採点欄

No.	(1)	(2)	(3)	(4)	(5)
1	¥ 36,804	¥ 48,792	¥ 1,285	¥ 4,925	¥ 492
2	1,587	38,657	742,096	352,467	940,268
3	937	361	−35,178	63,504	−309,854
4	53,640	596	615	17,692	−63,701
5	208,491	91,078	−410,639	816	287
6	6,245	6,234	428	342	−24,971
7	84,762	17,580	26,391	9,178	−516
8	670,139	7,420	−9,547	831,095	52,360
9	358	254,018	−57,930	43,670	−482,903
10	98,275	843	−164,802	580,729	−1,536
11	719,306	609,142	−763	908,451	8,175
12	165,023	763,905	8,752	5,201	831,045
13	490	85,321	−83,950	26,034	75,089
14	47,512	2,619	94,013	78,963	7,623
15	2,189	570,439	607,284	187	16,497
計					

No.	(6)	(7)	(8)	(9)	(10)
1	¥ 62,831	¥ 75,134	¥ −6,057	¥ 308	¥ 2,593
2	35,049	463,902	537,142	92,167	534,109
3	910,843	6,748	−94,230	285,039	−19,867
4	965	81,357	12,978	1,962	750
5	83,406	342,096	419	48,695	682,039
6	5,290	59,210	650,731	720,143	4,965
7	701,634	841	3,894	37,860	−73,184
8	687	4,978	82,675	254	612
9	298,074	215	401,528	816,349	95,471
10	56,719	930,576	−704	59,072	360,248
11	179,302	18,403	−26,381	431	−8,570
12	127	607,129	5,496	7,584	−46,285
13	4,528	9,680	−368,520	63,197	−391
14	2,153	352	79,083	8,705	27,406
15	47,568	25,867	169	104,526	801,723
計					

主催 公益社団法人 全国経理教育協会　後援 文部科学省

第４回 電卓計算能力検定模擬試験

３ 級 除 算 問 題　(制限時間10分)

(注意) 無名数で小数第３位未満の端数が出たとき、名数で
円位未満の端数が出たとき、パーセントの小数第２
位未満の端数が出たときは四捨五入すること。

採点欄

受験番号

No.			
1	445,446	÷ 54	=
2	110,330	÷ 187	=
3	84,452	÷ 491	=
4	274,360	÷ 760	=
5	149,814	÷ 203	=

No.1〜No.5 小計①

6	0.3225	÷ 3.75	=
7	76.6846	÷ 83.9	=
8	0.033953	÷ 0.052	=
9	2.2865	÷ 0.9146	=
10	255.596	÷ 628	=

No.6〜No.10 小計②

(小計①+②) 合計　100 %　100 %

11	¥ 192,146	÷ 382	=
12	¥ 297,332	÷ 4,018	=
13	¥ 180,642	÷ 506	=
14	¥ 45,123	÷ 267	=
15	¥ 586,262	÷ 731	=

No.11〜No.15 小計③　100 %

16	¥ 23	÷ 0.079	=
17	¥ 87,699	÷ 94.3	=
18	¥ 1,200	÷ 0.64	=
19	¥ 38,127	÷ 89.5	=
20	¥ 81	÷ 0.125	=

No.16〜No.20 小計④

(小計③+④) 合計　100 %　100 %

主催　公益社団法人　全国経理教育協会　　後援　文部科学省

第 4 回 電卓計算能力検定模擬試験

3 級　乗　算　問　題　（制限時間10分）

（注意）無名数で小数第3位未満の端数が出たとき、名数で円位未満の端数が出たとき、パーセントの小数第2位未満の端数が出たときは四捨五入すること。

採	点	欄

受験番号

No.					
1	7,321	×	204	=	%
2	8,569	×	781	=	%
3	9,734	×	360	=	%
4	2,480	×	158	=	%
5	56,012	×	93	=	%
No.1～No.5 小			計 ①		100 %
6	6.57	×	839.2	=	%
7	0.1943	×	0.417	=	%
8	48.75	×	0.076	=	%
9	31.08	×	54.9	=	%
10	0.0296	×	6.25	=	%
No.6～No.10 小			計 ②		100 %
(小計 ① + ②)	合		計		100 %
11	9,451	×	703	=	%
12	3,209	×	680	=	%
13	4,067	×	597	=	%
14	718	×	4,219	=	%
15	5,386	×	841	=	%
No.11～No.15 小			計 ③		100 %
16	39,045	×	2.8	=	%
17	6,874	×	0.136	=	%
18	2,630	×	95.2	=	%
19	1,792	×	0.375	=	%
20	8,125	×	0.064	=	%
No.16～No.20 小			計 ④		100 %
(小計 ③ + ④)	合		計		100 %

採点欄

受験番号

【禁無断転載】

(注意) 整数未満の端数が出たときは切り捨てること。ただし、端数処理は1題の解答についてのみ行うのではなく、1計算ごとに行うこと。

No.	
1	$(1,068.059 + 413,941) \times (75,681 - 6,006) =$
2	$31,628,125 \div 8,725 + 121,057,797 \div 2,389 =$
3	$(490.729 \div 0.0689) \div (9.286 \div 0.7143) =$
4	$8,095 \times 2,417 - 22,017,431 \div 3,529 =$
5	$(228,381,560 + 341,805,614) \div (80,470 - 128) =$
6	$(89,432 - 6,987) \times (65,913 - 5,824) =$
7	$6,473 \times 84,295 - 53,207,469 \div 8,127 =$
8	$(91,246 + 1,208) \times (81,243 + 4,260) =$
9	$(65,741 - 2,670) \times (5,146 + 40,695) =$
10	$3,184 \times 90,482 + 46,184,455 \div 7,691 =$
11	$7,816 \times 9,763 - 2,465 \times 3,012 =$
12	$(15,627 + 36,373) \times (63,948 + 21,052) =$
13	$(72.841 \div 0.0691) \times (63.427 \div 0.985) =$
14	$51,820 \times 7,094 + 12,451,092 \div 6,438 =$
15	$555,680,607 - 185,643,219 \div (43,529 - 760) =$
16	$752.693 \div 0.0798 - 95.672 \div 0.6381 =$
17	$45,991,704 \div 7,612 + 39,504 \times 8,127 =$
18	$(773,756,978 - 425,891,306) \div (39,480 - 534) =$
19	$(52.658 \div 0.9463) =$
20	$(20,429,372 + 50,876,340) \div (79,064 - 186) =$

主催　公益社団法人　全国経理教育協会　　後援　文部科学省

第3回電卓計算能力検定模擬試験 (制限時間10分)

3 級　見取算問題

受験番号

採点欄

No.	(1)	(2)	(3)	(4)	(5)
1	¥ 964	¥ 23,184	¥ 804,276	¥ 392,578	¥ 27,891
2	307,518	82,709	-647	46,091	-74,380
3	470,856	932	-20,873	7,380	-43,018
4	1,635	69,048	-45,398	51,902	-5,162
5	84,027	506,279	-154,309	264	-2,195
6	3,174	98,016	-92,764		-941
7	281	34,520	-563,102	17,543	36,459
8	97,503	457,283	9,521	8,915	263
9	65,290	1,364	-8,927	234,076	867
10	738,942	751	36,015	365	968,273
11	12,360	3,562	582	659	859,037
12	248,109	175,603	71,984	63,417	10,734
13	59,638	740,895	687,031	82,730	1,540
14	6,791	8,196	156	9,148	589,206
15	452	417	3,490	705,826	-605,724
計					

No.	(6)	(7)	(8)	(9)	(10)
1	¥ 842	¥ 614	¥ 640,152	¥ 703,248	¥ 27,910
2	876,052	923,805	2,487	54,319	458
3	25,301	74,196	85,036	904	-308,271
4	5,469	5,230	725	46,821	-15,096
5	187,203	742	491,307	810,735	-2,683
6	986	18,963	14,753	297	931,204
7	49,318	256,097	3,162	1,680	319
8	7,540	83,524	-206,945	375,026	-6,570
9	1,790	9,178	618	69,847	74,826
10	217	690,851	-9,804	7,653	460,157
11	63,825	836	-51,396	28,175	-83,549
12	92,435	48,720	967,028	136,409	-782
13	510,639	2,417	73,589	352	9,165
14	34,976	507,639	-471	92,560	648,037
15	708,164	31,045	-38,290	8,491	53,942
計					

第３回電卓計算能力検定模擬試験

３級　除算問題　(制限時間10分)

【禁無断転載】

(注意) 無名数で小数第３位未満の端数が出たとき、名数で円位未満の端数が出たとき、パーセントの小数第２位未満の端数が出たときは四捨五入すること。

No.					採点欄	
1	591,462	÷	7,302	=		%	%
2	480,510	÷	843	=		%	%
3	445,260	÷	615	=		%	%
4	166,050	÷	450	=		%	%
5	278,630	÷	298	=		%	%
No.1～No.5 小計①				100	100 %	
6	2.6688	÷	0.064	=		%	%
7	0.16192	÷	1.76	=		%	%
8	8.8226	÷	3.1	=		%	%
9	0.564068	÷	0.927	=		%	%
10	90.117	÷	589	=		%	%
No.6～No.10 小計②				100	100 %	
(小計①＋②) 合計				100	100 %	
11	¥ 65,016	÷	216	=		%	%
12	¥ 468,441	÷	93	=		%	%
13	¥ 147,896	÷	532	=		%	%
14	¥ 76,923	÷	407	=		%	%
15	¥ 642,183	÷	681	=		%	%
No.11～No.15 小計③				100	100 %	
16	¥ 16,524	÷	32.4	=		%	%
17	¥ 39	÷	0.049	=		%	%
18	¥ 8,001	÷	190.5	=		%	%
19	¥ 756	÷	0.875	=		%	%
20	¥ 480	÷	0.768	=		%	%
No.16～No.20 小計④				100	100 %	
(小計③＋④) 合計				100	100 %	

受験番号

採点欄

受験番号

（注意）無名数で小数第3位未満の端数が出たとき、名数で
円位未満の端数が出たとき、パーセントの小数第2
位未満の端数が出たときは四捨五入すること。

No.					%
1	9,457	×	721	=	%
2	4,590	×	368	=	%
3	2,386	×	952	=	%
4	1,843	×	530	=	%
5	67,102	×	16	=	%
No.1〜No.5	小	計	①		100 %
6	321.5	×	0.284	=	%
7	0.8961	×	0.097	=	%
8	0.0624	×	47.5	=	%
9	7.39	×	810.3	=	%
10	507.8	×	6.49	=	%
No.6〜No.10	小	計	②		100 %
(小計 ①＋②)	合	計			100 %
11	¥	8,042	×	437	=	%
12	¥	513	×	2,906	=	%
13	¥	9,187	×	670	=	%
14	¥	6,309	×	582	=	%
15	¥	7,264	×	319	=	%
No.11〜No.15	小	計	③		100 %
16	¥	1,728	×	0.763	=	%
17	¥	40,185	×	9.4	=	%
18	¥	3,456	×	0.125	=	%
19	¥	9,375	×	0.048	=	%
20	¥	2,960	×	85.1	=	%
No.16〜No.20	小	計	④		100 %
(小計 ③＋④)	合	計			100 %

第 2 回 電卓計算能力検定模擬試験

3 級　複合算問題　（制限時間10分）

(注意) 整数未満の端数が出たときは切り捨てること。ただし、端数処理は1題の解答について行うのではなく、1計算ごとに行うこと。

【禁無断転載】

No.	
1	$3,208 \times 9,164 - 64,272,729 \div 8,427 =$
2	$(487,523,844 - 247,139,012) \div (45,280 - 632) =$
3	$6,134 \times 7,059 - 3,061 \times 9,187 =$
4	$11,595,245 \div 8,621 + 84,752 \times 3,105 =$
5	$(29,287,073 + 42,412,960) \div (83,045 - 346) =$
6	$9,420 \times 71,345 - 23,305,126 \div 7,694 =$
7	$34,160,967 \div 5,493 + 17,592,984 \div 8,532 =$
8	$(90,726 - 1,982) \times (5,124 + 29,670) =$
9	$5,926 \times 63,927 + 12,449,067 \div 4,083 =$
10	$(542.361 \times 631.054) \div (70.849 \times 0.2483) =$
11	$(10,382 + 80,418) \times (56,371 + 28,629) =$
12	$(7,052.862 + 349.138) \times (62,578 - 4,910) =$
13	$298.483 \div 0.0417 - 91.376 \div 0.6849 =$
14	$(87,240 - 3,275) \times (72,635 - 1,836) =$
15	$82,945 \times 1,763 + 35,837,942 \div 5,971 =$
16	$(74.129 \div 0.0356) \times (96.354 \div 0.918) =$
17	$(95,647 + 3,021) \times (42,513 + 1,060) =$
18	$(574,070,428 - 215,965,780) \div (40,370 - 704) =$
19	$649.051 \div 0.0549 \div (7.048 \div 0.5735) =$
20	$(43,850,269 + 90,093,296) \div (21,963 - 508) =$

採点欄

受験番号

3 級　見取算問題　(制限時間10分)

第 2 回 電卓計算能力検定模擬試験

受験番号

採点欄

No.	(1)	(2)	(3)	(4)	(5)
	¥	¥	¥	¥	¥
1	352	792	86,045	3,280	46,523
2	503,426	729,463	-43,702	210,937	309,167
3	7,183	218,930	672,139	91,475	-52,341
4	12,085	56,472	-9,468	748	4,017
5	8,570	93,618	-613	84,629	98,706
6	95,738	37,829	-368,097	527,306	-2,480
7	6,801	4,081	-825	39,514	25,619
8	427,916	543	17,589	605,738	-160,475
9	849,673	81,235	-52,384	153,640	73,820
10	294	8,601	4,950	42,073	-364
11	284,369	470,385	901,576	8,169	-892
12	79,260	62,047	730,812	491	1,503
13	541	154	196	6,895	685,794
14	30,917	105,976	-25,407	256	817,239
15	61,405	6,590	3,241	70,182	958
計					

No.	(6)	(7)	(8)	(9)	(10)
	¥	¥	¥	¥	¥
1	108,937	861	346	39,584	59,806
2	243	324,905	13,987	7,960	152
3	53,790	97,432	974,615	381	-260,389
4	4,352	6,574	-674	106,439	-48,975
5	895,014	189	2,408	52,907	671,840
6	916,287	72,038	731,590	9,816	3,461
7	63,478	456	62,739	23,147	-85,723
8	480,762	853,210	-5,864	1,258	329,074
9	32,065	19,825	-80,291	714,032	-516
10	519	5,604	-359,862	475	-94,302
11	9,840	280,713	102	95,320	-7,638
12	7,591	42,196	506,428	670,893	950
13	26,304	3,970	-49,157	82,764	2,187
14	71,685	68,347	8,230	468,501	701,495
15	126	501,769	27,013	625	16,243
計					

主催 公益社団法人 全国経理教育協会　後援 文部科学省

第 2 回 電卓計算能力検定模擬試験

3 級　除 算 問 題　(制限時間10分)

(注意) 無名数で小数第 3 位未満の端数が出たとき、名数で
円位未満の端数が出たとき、パーセントの小数第 2
位未満の端数が出たときは四捨五入すること。

【禁無断転載】

No.						
1	381,940	÷	7,345	=		%
2	364,261	÷	563	=		%
3	662,480	÷	910	=		%
4	148,860	÷	827	=		%
5	92,082	÷	298	=		%
No. 1～No.5 小 計 ①					1 0 0 %	
6	538.188	÷	6.02	=		%
7	0.033758	÷	0.074	=		%
8	4.3125	÷	0.46	=		%
9	0.9699	÷	15.9	=		%
10	81.153	÷	381	=		%
No.6～No.10 小 計 ②					1 0 0 %	
(小計 ① + ②) 合 計						1 0 0 %
11	¥ 634,722	÷	649	=		%
12	¥ 33,248	÷	32	=		%
13	¥ 72,299	÷	197	=		%
14	¥ 98,880	÷	480	=		%
15	¥ 292,584	÷	501	=		%
No.11～No.15 小 計 ③					1 0 0 %	
16	¥ 623	÷	0.875	=		%
17	¥ 19,669	÷	231.4	=		%
18	¥ 26	÷	0.053	=		%
19	¥ 31,484	÷	92.6	=		%
20	¥ 480	÷	0.768	=		%
No.16～No.20 小 計 ④					1 0 0 %	
(小計 ③ + ④) 合 計						1 0 0 %

採 点 欄

受験番号

（注意）無名数で小数第3位未満の端数が出たとき、名数で円位未満の端数が出たとき、パーセントの小数第2位未満の端数が出たときは四捨五入すること。

採　点　欄

受験番号

No.				%
1	6,281	×	720 =	%
2	8,539	×	916 =	%
3	7,492	×	832 =	%
4	29,043	×	47 =	%
5	1,370	×	549 =	%
No.1～No.5 小 計 ①				100 %
6	410.6	×	0.075 =	%
7	57.64	×	38.1 =	%
8	9.58	×	690.3 =	%
9	0.0817	×	0.158 =	%
10	0.3625	×	2.64 =	%
No.6～No.10 小 計 ②				100 %
（小計 ① + ②）合 計				100 %
11	¥9,803	×	739 =	%
12	¥6,172	×	280 =	%
13	¥5,027	×	974 =	%
14	¥314	×	8,501 =	%
15	¥1,968	×	467 =	%
No.11～No.15 小 計 ③				100 %
16	¥1,530	×	61.3 =	%
17	¥2,496	×	0.125 =	%
18	¥8,609	×	0.048 =	%
19	¥4,375	×	0.392 =	%
20	¥78,245	×	5.6 =	%
No.16～No.20 小 計 ④				100 %
（小計 ③ + ④）合 計				100 %

第 1 回 電 卓 計 算 能 力 検 定 模 擬 試 験

3 級　複 合 算 問 題　(制限時間10分)

(注意) 整数未満の端数が出たときは切り捨てること。ただし、端数処理は1題の解答について行うのではなく、1計算ごとに行うこと。

【禁無断転載】

No.	
1	$6,035 \times 9,872 - 2,879 \times 5,076 =$
2	$(94,703 - 3,125) \times (19,326 - 2,635) =$
3	$(23,968 + 40,532) \times (13,477 + 78,523) =$
4	$(76,514 + 3,978) \times (48,201 + 37,049) =$
5	$(38,745,209 + 18,678,557) \div (19,638 - 407) =$
6	$(406,529,718 - 43,932,630) \div (50,297 - 380) =$
7	$(20.469 \div 0.0794) \times (42.853 \div 0.246) =$
8	$4,902 \times 5,317 - 74,095,725 \div 8,265 =$
9	$(54,370 - 2,038) \times (95,620 + 1,873) =$
10	$8,047 \times 92,735 + 59,339,654 \div 4,931 =$
11	$(956.957 \times 564.289) \div (64.831 \times 0.8952) =$
12	$(359.641 \div 0.0351) \div (9.239 \div 0.5168) =$
13	$9,805 \times 82,940 - 62,392,652 \div 6,394 =$
14	$6,846 \times 19,076 + 23,389,688 \div 5,372 =$
15	$21,098,626 \div 7,354 + 477,927,554 \div 92,371 =$
16	$71.692 \div 0.0941 - 79.582 \div 0.7258 =$
17	$12,636,131 \div 6,173 + 85,263 \times 7,914 =$
18	$(183,762,950 - 67,638,263) \div (36,450 - 927) =$
19	$(8,290.534 + 871.466) \times (39,085 - 6,049) =$
20	$(57,184,203 + 22,682,589) \div (89,526 - 1,470) =$

受験番号

採 点 欄

3 級　見取算問題　(制限時間10分)

主催　公益社団法人　全国経理教育協会　後援　文部科学省

受験番号

採 点 欄

No.	(1)	(2)	(3)	(4)	(5)
1	¥ 38,601	¥ 3,517	¥ 904,267	¥ 97,650	¥ 946,518
2	93,846	96,340	-182	236	-50,639
3	162	572,016	-395,608	541,029	735
4	572,408	9,184	26,875	73,901	35,160
5	7,589	21,483	8,719	6,148	-6,217
6	10,934	47,290	47,091	65,728	-108,427
7	316	672	-631,807	451,283	63,052
8	82,597	8,024	2,483	20,364	-486
9	4,275	-936	50,394	516	9,873
10	251,730	705,816	-4,051	9,470	-342
11	879	739	15,762	182	214,095
12	621,380	60,458	-73,210	135,607	2,903
13	49,651	259	543	304,879	71,568
14	706,943	839,526	869,425	8,935	-87,294
15	5,024	381,965		82,794	497,801
計					

No.	(6)	(7)	(8)	(9)	(10)
1	¥ 630,458	¥ 41,069	¥ 408,795	¥ 503,478	¥ 173
2	194,760	128,730	-71,432	7,653	-60,512
3	367,510	9,512	2,684	84,590	479,136
4	6,184	608,975	97,201	364	26,703
5	925	723	537	40,781	-3,029
6	48,706	93,647	36,270	728,046	658
7	25,089	2,901	-213,809	65,937	785,096
8	2,193	380,256	321	415	2,984
9	1,894	76,348	4,986	1,829	-536,740
10	903,651	815	643,057	39,102	-49,321
11	59,238	54,639	-85,419	257,341	-865
12	572	863,204	-165	6,093	98,207
13	347	492	50,648	12,986	801,459
14	87,612	5,187	821,953	976,520	14,382
15	74,023	17,054	-9,076		7,541
計					

【禁無断転載】

主催 公益社団法人 全国経理教育協会　後援 文部科学省

第1回電卓計算能力検定模擬試験

3 級 除 算 問 題　(制限時間10分)

(注意) 無名数で小数第3位未満の端数が出たとき、名数で円位未満の端数が出たとき、パーセントの小数第2位未満の端数が出たときは四捨五入すること。

No.				採点欄
1	73,066 ÷ 5,219 =		%	%
2	672,290 ÷ 851 =		%	%
3	756,286 ÷ 943 =		%	%
4	103,834 ÷ 386 =		%	%
5	239,860 ÷ 670 =		%	%
	No.1〜No.5 小 計 ①	100		
6	39.8526 ÷ 76.2 =		%	%
7	0.016485 ÷ 0.034 =		%	%
8	2.294 ÷ 0.25 =		%	%
9	313.607 ÷ 497 =		%	%
10	0.5076 ÷ 10.8 =		%	%
	No.6〜No.10 小 計 ②	100		
	(小計 ① + ②) 合 計		100	%
11	¥ 493,584 ÷ 904 =		%	%
12	¥ 334,806 ÷ 82 =		%	%
13	¥ 30,163 ÷ 139 =		%	%
14	¥ 81,984 ÷ 427 =		%	%
15	¥ 414,579 ÷ 561 =		%	%
	No.11〜No.15 小 計 ③	100		
16	¥ 155 ÷ 0.248 =		%	%
17	¥ 28 ÷ 0.093 =		%	%
18	¥ 324 ÷ 0.375 =		%	%
19	¥ 53,079 ÷ 680.5 =		%	%
20	¥ 6,802 ÷ 7.16 =		%	%
	No.16〜No.20 小 計 ④			
	(小計 ③ + ④) 合 計		100	%

受験番号

（注意）無名数で小数第3位未満の端数が出たとき、名数で
　　　　円位未満の端数が出たとき、パーセントの小数第2
　　　　位未満の端数が出たときは四捨五入すること。

採点欄

【禁無断転載】

No.				
1	32,586	×	91	=	%
2	7,459	×	630	=	%
3	4,310	×	803	=	%
4	6,908	×	528	=	%
5	1,837	×	457	=	%
No.1～No.5　小　計　①					100 %
6	0.0625	×	2.16	=	%
7	87.41	×	76.9	=	%
8	2.64	×	194.2	=	%
9	0.9173	×	0.084	=	%
10	50.92	×	0.375	=	%
No.6～No.10　小　計　②					100 %
（小計　①＋②）　合　計					100 %
11	¥ 3,072	×	297	=	%
12	¥ 514	×	8,359	=	%
13	¥ 9,351	×	718	=	%
14	¥ 2,796	×	560	=	%
15	¥ 8,403	×	643	=	%
No.11～No.15　小　計　③					100 %
16	¥ 70,165	×	4.6	=	%
17	¥ 4,920	×	38.1	=	%
18	¥ 1,289	×	0.072	=	%
19	¥ 3,648	×	0.125	=	%
20	¥ 6,875	×	0.904	=	%
No.16～No.20　小　計　④					100 %
（小計　③＋④）　合　計					100 %